スポーツ照明の保守・管理マニュアル

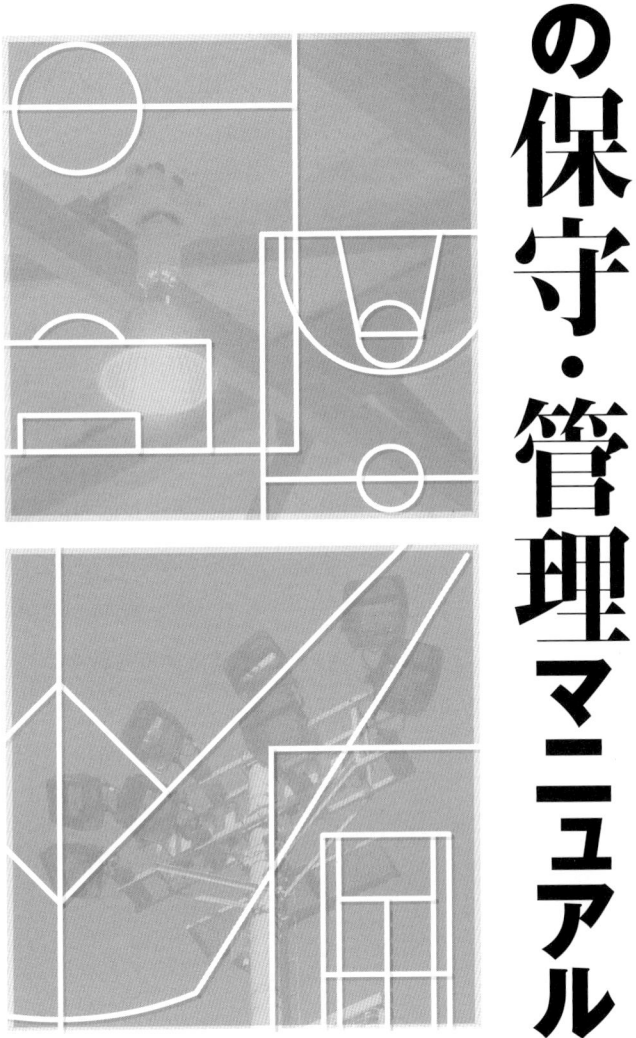

公益財団法人　日本体育施設協会
スポーツ照明部会

発刊のご案内

公益財団法人　日本体育施設協会
常務理事　堀部　定男

　近年、社会の高齢化、健康志向の高まり、情報化の進展等社会環境の変化が急速に進んでいます。そのような中で人々が健康で活力のある生活を送っていくうえでスポーツの果たす役割は極めて重要性を増しています。

　国は平成23年6月にスポーツ基本法を制定し、平成24年3月には基本法の具体的な施策であるスポーツ基本計画を策定しました。その中では、広く人々が関心、適性等に応じてスポーツに参画することができる環境を整備することを謳っております。

　日本体育施設協会は、設立以来スポーツ施設の整備・充実と適切な管理運営を進めるため講習会の開催などの活動を行ってまいりました。また、本協会にはスポーツ照明の製作・設置・維持管理の専門家集団である特別会員が所属し、スポーツ照明に関わる研究を行っており、技術情報を提供したり、スポーツ照明に関係した出版書を発刊するなどの活動を行い、関係方面からご好評を頂いております。

　スポーツは人間の可能性の限界に挑戦する試みの面もあり、また、健康の保持増進や体力の維持のため、スポーツに親しみ、自己表現する喜び、心身をリフレッシュし、他者と同じ条件の中で競い合い助けあう要素もあります。スポーツにはそれぞれ決まった競技規則、施設・器具の規格基準があって、それを遵守することが要求されています。また各競技における各種のルールを理解し競技者が共通の認識を持つことも必要です。

　スポーツ施設に関係する者にとり、施設・設備を安全に提供し適切な維持・管理をすることは基本的な危機管理のひとつです。特にスポーツ照明はその使用頻度、使用環境などによりその器具等の状況が著しく異なります。また、施設・設備の維持・管理に係る財源の確保が困難な状況もあり、長期間にわたり使用されている器具も多くみられます。そのためにも保守・管理マニュアルを整備し、正しい使い方と適切な保守・管理が大切です。

　今回「スポーツ照明の保守・管理マニュアル」を発刊いたしました。近年、LED照明などの新製品、省エネ技術などの新技術の普及が急速に進んでおります。そのような事例も含めて最新のスポーツ照明情報を取り入れ、読者の皆様が一層わかりやすく利用できるよう努めております。

　本書が地方公共団体、民間団体、関係競技団体ばかりでなく、スポーツ関係者の方々に広く活用していただけますようご案内申し上げます。

発刊にあたって

　スポーツ施設における照明設備は、適切な明るさと安全性を確保してこそ本来の目的を果たすことができます。適切な点検を適正な時期に行い、照明設備として必要な機能を維持することは、快適なスポーツの場を提供して競技中の事故を未然に防ぐ大きな要件のひとつです。

　照明設備は、使用するにつれてランプ自身の光束が低下するほか、汚れによる明るさの低下、振動・腐食による電気的な接触不良や絶縁不良、寿命による不点ランプの発生など様々な不具合がでてきます。これらの光束低下や汚れ、不具合によって明るさが減衰し、施設利用者に十分なサービスを与えられなくなっても、消費する電力は変わらないため、費用対効果の面で不経済となります。

　近年は、特に省エネルギーに関する社会的な要請が強まり、照明分野においても技術的進歩を率先して取り入れ、ランニングコストの低減や環境保全を図るなど、設備の見直しに基づく適切な改修や更新計画、あるいは適正な節電対策および運用方法の検討を行うことが重要になっています。

　また、公共体育施設における指定管理者制度の導入が定着し、運営に当たり採算性とともに利用者への質の高いサービスが要求されるようになってきました。なかでも事故防止対策は、施設の管理・運営上避けて通れない課題であり、ハードとソフト両面からの対策が必要になっています。現在、経年劣化した照明器具の落下や発煙・発火等の事故報告が増えつつあり、設置後の経過年数が長い照明設備では年々事故のリスクが増大しています。運用中のスポーツ照明施設の実態把握を目的とした（公財）日本体育施設協会スポーツ照明部会のアンケート調査（2005年）では、設置から20年を超えて使用されている照明設備が、屋外施設において30％、屋内施設では40％にも達するという結果が報告されています[1]。

　このことは、老朽化が進んでいる照明設備が増加し、事故の未然防止の観点からも何らかの対策が必要な時期に来ていることを示しています。

　照明施設を管理・運用する方々は、適切な保守・管理ならびに改修を行うことで次のような利益・効果を得ることができます。

・照明器具の設置数が少なくなり、固定費を低減できる
・設備容量が少なくなり、電気料金を節減できる
・明るさの低下を抑制し、利用者の安全性と快適性を確保できる
・設備劣化等による不慮の人身事故を予防する
・施設全体の利用価値が高まる

　（公財）日本体育施設協会スポーツ照明部会では、以上のような社会的要請に応えるため加盟各社の専門技術者による委員会を設け、スポーツ照明設備における保守・管理方法について検討を重ねてきました。本書は、照明設備を構成する機材ごとに必要な点検項目や要点を整理するとともに、一部改修や更新を含む保守・管理計画を立案・実施する際の参考書としてご利用いただけるようにまとめたものです。

　本書が有効に活用され、安全で快適なスポーツの振興に寄与できることを願っております。

1) スポーツ照明アンケート報告書（2006、（公財）日本体育施設協会スポーツ照明部会）

目　次

発刊のご案内 …………………………………………………………………… 2
発刊にあたって ………………………………………………………………… 3

1　スポーツ照明の役割 ……………………………………………………… 5
2　スポーツ照明の要件 ……………………………………………………… 6
3　スポーツ照明の構成機材 ………………………………………………… 8
4　照明設備の保守・管理 …………………………………………………… 9
　　4－1　保守・管理の基本的な考え方 …………………………………… 9
　　4－2　点検・清掃 ………………………………………………………… 9
　　4－3　保守作業 …………………………………………………………… 11
　　4－4　スケジューリングと予算化 ……………………………………… 11
5　チェックシート …………………………………………………………… 13
6　各設備のメンテナンス …………………………………………………… 15
　　6－1　照明器具（投光器）……………………………………………… 15
　　6－2　照明器具（テニスコート専用器具）…………………………… 16
　　6－3　照明器具（反射笠・多灯用バンクライト）…………………… 17
　　6－4　ランプ ……………………………………………………………… 18
　　6－5　安定器 ……………………………………………………………… 21
　　6－6　照明柱（コンクリート柱）……………………………………… 23
　　6－7　照明柱（鉄塔）…………………………………………………… 24
　　6－8　昇降装置 …………………………………………………………… 25
　　6－9　保守用足場・架台 ………………………………………………… 26
　　6－10　制御装置 ………………………………………………………… 27
　　6－11　電源設備 ………………………………………………………… 28
　　6－12　配線設備 ………………………………………………………… 30
7　保守計画の最適化 ………………………………………………………… 31
　　7－1　定期的な保守の実施 ……………………………………………… 31
　　7－2　光源の交換方式 …………………………………………………… 31
　　7－3　光源の交換時期 …………………………………………………… 32
　　7－4　清掃の間隔と方法 ………………………………………………… 33
8　保守作業における安全性の確保 ………………………………………… 35
　　8－1　屋内の作業方法 …………………………………………………… 35
　　8－2　屋外の作業方法 …………………………………………………… 35
　　8－3　安全上の注意事項 ………………………………………………… 36
9　リニューアルのすすめ …………………………………………………… 37
　　9－1　リニューアルの目的 ……………………………………………… 37
　　9－2　照明設備の寿命 …………………………………………………… 37
　　9－3　リニューアルによる効果 ………………………………………… 37
　　9－4　リニューアルの事例と効果（テニスコート）………………… 38
　　9－5　リニューアルの事例と効果（野球場）………………………… 41
　　9－6　リニューアルの事例と効果（体育館）………………………… 45
　　9－7　リニューアルの事例と効果（屋内プール）…………………… 47

（公財）日本体育施設協会スポーツ照明部会・会員名簿 ………………… 49

1 スポーツ照明の役割

　21世紀に入って、生涯スポーツの普及やスポーツの国際化が従来にも増して進み、「するスポーツ」と「見るスポーツ」の人口は今後もますます増加することが予想されます[2]。これに伴い、必要とされる体育施設の建設や保守・管理に関わる我々は、積極的に新技術の導入を図って環境に配慮しつつ、安全で快適なスポーツの振興に寄与していかなければなりません。体育施設を適切に運用することで、国民の健康増進や疾病予防、地域社会の活性化、青少年の健全育成、さらには経済発展への寄与という観点で社会に貢献することができます。

　現在ではライフスタイルの多様化に伴い、屋内のみならず屋外の体育施設においても照明設備はスポーツ・レクリエーションを楽しむために欠かせないものになっており、余暇の利用やレジャーの一環としてスポーツを楽しむ人が求める照明から、高い身体能力を発揮して競技スポーツをする人が求める照明、スポーツを観戦する人が求める照明、さらには審判員やテレビ撮影者のために必要な照明まで、様々な場面で快適な照明が求められ、ナイタースポーツを楽しむための大きなウェイトを占めています。

野球場

陸上競技場

テニスコート

体育館

プール

スケート場

　上図のような様々なスポーツ施設において競技を行う環境を整えるのに、照明設備が重要な役割を果たしています。これらの照明設備は、競技のレベルや種目・用途に応じた適切な明るさと安全性を確保してこそ、本来の目的を果たすことができます。

2) 21世紀の国民スポーツ振興方策（2008、（公財）日本体育協会）

2 スポーツ照明の要件

　スポーツ照明は、競技者や観客、審判、施設関係者に競技のレベルや規模に応じた照明環境を提供し、安全かつ快適に競技や運動、観戦などを行えるように設けるものです。

　近年、プロスポーツのナイターゲームやテレビ放送が増加したり、健康増進や余暇を楽しむためのレジャースポーツの拡がりによって、スポーツ照明は「する」「見る」両面において快適な環境を与えることが求められています。ここでは、スポーツ照明に求められる一般要件について示します。

［スポーツ照明に求められる一般要件］
①照度
②光色と演色性
③照度均斉度
④グレア（まぶしさ）
⑤テレビ撮影

（1）照 度
　照度は、被照明面に光がどの程度入射しているかを表すもので、単位面積当たりに入射する光束で定義されます。
〔単位：lx（ルクス）〕
　スポーツ照明は、競技者やボールなどの視対象に動きがあり空間的であるため、主となる視対象の大きさ、速さ、視対象までの距離、競技レベルに応じて必要な空間とその背景に適切な照度を配分する必要があります。

（2）光色と演色性
　光色は、光源から放射される光の見かけの色であり、色温度〔単位：K（ケルビン）〕で表され、競技者や観客に心理的な効果を与えます。一般に色温度が低いと照度が高くなるにつれ"落ち着いた雰囲気"から"活気のある雰囲気"へ、対して色温度が高いと照度が高くなるにつれて"涼しい雰囲気"から"爽やかな雰囲気"へと変化します。
　色温度は、通常の施設では3300〜5300Kが推奨され、昼光が入射する屋内施設では昼光とよく調和する4000K以上の光源が、夜間の屋外施設では温かみがあって活動的に見える4000K以下の光源が好まれます。
演色性は、光源によって照らされた対象物の色の見え方を決めるときの、光源の性質のことをいい、平均演色評価数〔記号：Ra〕で表されます。
　スポーツ照明では、平均演色評価数が高いほど人の肌色やユニフォーム等の色が自然に近い見え方になり、一般にRa≧60が推奨されています。

（3）照度均斉度
　スポーツをする競技者や観客の視線はプレーに合わせて常に動くため、照度に明暗差があると眼が明暗順応を繰り返すことになり、見え方の低下や眼の疲労の原因になります。
　見え方が最も低下するのは最小照度の地点であり、視対象までの距離が遠くて、高速に動くような競技では対象を見失ったり、速さや位置を誤認したりします。これらを防止するために、照度均斉度を良くすることが重要となります。照度均斉度は最も見え方が低下する部分を補償する意味から、最小照度／平均照度で表しています。

（４）グレア（まぶしさ）

　グレアは、視対象の見え方や競技への集中力を低下させる原因になるので、極力低減する必要があります。スポーツでは広い範囲を移動する競技者が色々な方向を向くため、グレアを完全に無くすことは困難です。よって、競技種目の性質を考慮して競技者の通常視野内に高輝度の照明器具が入らないように配置を行います。

　例えば、バレーボールやバスケットボールではネット上やゴール真上、コート長軸中央断面上に照明器具を配置しません。

（５）テレビ撮影への配慮

　テレビ撮影やフィルム撮影のためには、白色調整を行うことができる色温度(3000～6500K)で高演色の光源($Ra \geq 80$)を使用することが望ましく、屋外の照明設備を薄暮から夜間にかけて使用する場合には昼光（自然光）から人工光への移行が容易なように色温度4000～6500Kの光源を使用します。

　また、撮影にはカメラ方向の照度が必要であり、撮影対象物の動きの速さと撮影距離に応じて推奨する照度が定められています。

3 スポーツ照明の構成機材

（1）照明器具

スポーツ照明用の照明器具は、屋外では広範囲のエリアを照明するための投光器やデザイン性を考慮したテニスコート専用器具が使用されており、屋内では反射笠や多灯用バンクライトが使用されています。

また、最近ではLEDの発光効率と光束が非常に大きくなっており、LEDの投光器・高天井器具・多灯用バンクライトが使用されています。［詳細は第6章6-1～6-3項を参照］

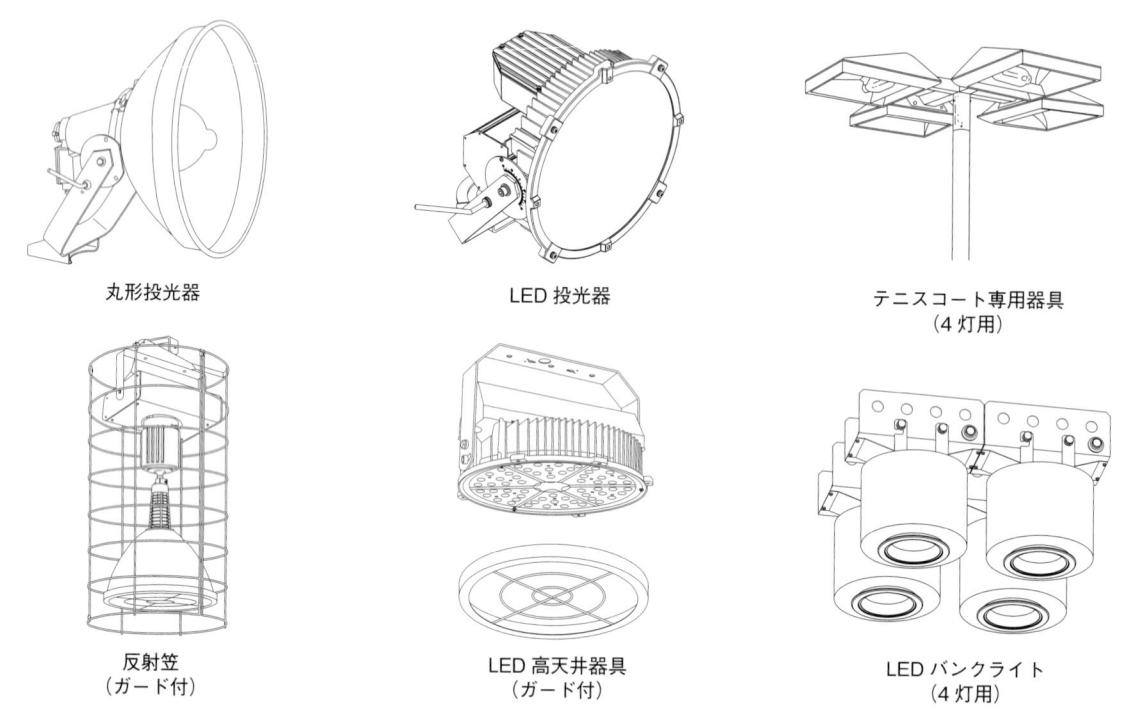

丸形投光器　　　　LED 投光器　　　　テニスコート専用器具（4灯用）

反射笠（ガード付）　　LED 高天井器具（ガード付）　　LEDバンクライト（4灯用）

（2）ランプ

スポーツ照明用のランプは、メタルハライドランプや高圧ナトリウムランプなど、高効率で光束の大きな放電灯が使用されています。メタルハライドランプは高効率・長寿命・高演色性を有しており、スポーツ照明として最も広く普及している光源です。現在では、セラミック発光管を用いて、従来のメタルハライドランプよりも高効率・長寿命・高演色性を実現したセラミックメタルハライドランプも使用されています。高圧ナトリウムランプは、効率は非常に良いが、演色性が劣り、色温度も低いため、単独で使用するには適さず、メタルハライドランプとの混光照明として使用されています。また、最近ではLEDの発光効率と光束が非常に大きくなっており、体育館などで使用されています。放電灯は点灯・再点灯に時間がかかるのに対し、LEDは点灯・再点灯が瞬時にでき、省エネ性能も高いというメリットがあります。［詳細は第6章6-4項を参照］

（3）安定器

メタルハライドランプや高圧ナトリウムランプなどの放電灯を点灯始動し、安定して点灯させるためには、安定器が必要です。［詳細は第6章6-5項を参照］

（4）その他の機材

照明器具、ランプ、安定器以外の周辺機器・関連設備には、照明柱（コンクリート柱、鉄塔）、昇降装置、保守用足場、制御装置、電源設備、配線設備などがあります。［詳細は第6章6-6～6-12項を参照］

4 照明設備の保守・管理

4-1 保守・管理の基本的な考え方

スポーツ施設を設置・保有されたり運営・管理される方々には、次に示す社会的な要請に応えるため、照明設備を万全な状態で使用できるよう適切に保守・管理することが求められています。

①利用者が安全に安心して競技できること
②利用者が快適に競技を観戦できること
③設備を省エネルギー化し、地球環境に対する負荷を低減すること
④設備劣化による落下、発煙、発火事故などのリスクを軽減すること

照明設備の改修や更新時のみでなく、日常の運用にあたっても上記の要請に応えることを念頭においた計画的な保守・管理を行うことが大切です。

4-2 点検・清掃

照明設備は、照明器具、ランプ、安定器のほか種々の周辺設備で構成されています。

これらの設備を適切に保守・管理するためには、日常的な点検とともに専門技術者による定期的な保守作業が不可欠です。

（1）日常点検

①施設管理者の立場となったときに最初に行わなければならないのは、照明設備をすべて洗い出し機材1台ごとに管理番号を割り振って照明設備台帳を作成することです。

②作成した台帳を用いて機材ごとに故障や補修などの履歴管理を行うことで、点検計画の立案や故障時の原因調査に活用することができます。

③照明設備の使用中に行う日常の点検としては、点灯状態の確認があります。電源を投入してもランプが点灯しない、明るくならない、ちらついているなどの状況を確認し、素早く対処することで、ランプや安定器に与える悪影響を解消し、短寿命になるのを防ぐことができます。また、ランプや照明器具の汚れなどによる明るさ低下の程度を確認するために定期的に照明範囲内の代表的な数点の照度測定を行います。この結果を受けて、清掃間隔やランプ交換時期などの保守計画を立案します。

日常点検の項目と内容の例を表4-1に示します。

表 4-1　日常点検の項目例

項　　目	頻　　度	内　　容
点灯状況	都度	目視で不点、暗い、ちらつきがないか
器具の取付状況	1～2回/月	目視で不自然な傾きやがたつきがないか
安定器の異音	〃	不自然なうなりがしないか
機材の腐食状況	〃	著しいさびや本体に穴が開いていないか
照度の点検	1～2回/年	照度計で代表的な数点を測定する

注）具体的なチェックシートの例を第5章の様式1に示す。

（2）定期点検

日常点検では目視など簡易な点検に限られるため、普段は目が届かない設備全体の状態を把握するために、専門技術者による目視、工具、計測機器を用いた定期点検を行います。定期点検は通常、スポーツ施設を使用するシーズン前やシーズン終了時などに毎年1回、照明設備の動作や機能を確認します。点検の結果、不具合を発見した場合はできるだけ早く対処したり予防処置を施したりして適切な保守を行う必要があります。

また、点検を定期的に繰り返すことで経年的な変化を把握し、計画的な保守・管理が容易になります。定期点検は、設備の健全度を維持して安全に長く使用するために非常に重要な点検です。定期点検の項目と内容の例を表4-2に示します。

表4-2 定期点検の項目例

分類	項目	頻度	内容
使用状況・環境	使用期間	1回/年	使用期間や累積点灯時間の確認
	周囲環境	〃	温度、湿度、煤煙、粉塵、塩害、腐食性ガス、可燃性ガス、振動、風、雨
	雷害	〃	影響の実態・実績
	電源電圧	〃	定格の±6%以内
ランプ	点灯状況	〃	不点、暗い、ちらつきの確認
	使用状況	〃	寿命の短時間化や黒化状況の確認
	清掃状況	〃	汚れの程度
照明器具	外観	〃	変色、さび、塗膜はく離、変形、ひび割れ、破損
	取付状況	〃	傾き、がたつき、ゆるみ
	使用状況	〃	結露、浸水跡の確認
	可動部分	〃	さび、開閉動作の確認
	パッキン類	〃	変色、硬化、ひび割れの確認
	配線部品	〃	変色、さび、こげ跡、熱変形の確認
	電線類	〃	変色、硬化、ひび割れ、心線露出
	絶縁抵抗	〃	器具単体、外部配線
	清掃状況	〃	清掃しても汚れが落ちない
安定器	外観	〃	変色、さび、塗膜はく離、変形、ひび割れ、破損、充填物の流出確認
	取付状況	〃	傾き、がたつき、ゆるみ
	電線類	〃	変色、硬化、ひび割れ、心線露出
	絶縁抵抗	〃	安定器単体
ポール・取付設備	外観	〃	さび、変色、塗膜はく離、変形、ひび割れ、破損
	取付状況	〃	傾き、ボルト・ナットのゆるみ
	ポール柱脚部	〃	穴あき、基礎コンクリートのクラック
	ポール開口部	〃	切欠部のクラック、パッキンの劣化
	ポール内部	〃	さび、板厚の減少
分電盤・制御装置	外観	〃	変色、さび、塗膜はく離、変形、穴あき、扉等の破損
	扉内部	〃	埃やゴミの堆積、結露、浸水跡
	動作状況	〃	スイッチ類の開閉動作、回路の点滅状況、表示部・漏電遮断器の動作確認
	配線部品	〃	異常発熱、こげ跡
	ケーブル類	〃	変色、硬化、ひび割れ、心線露出
	絶縁抵抗	〃	分岐回路

注）具体的なチェックシートの例を第5章の様式2に示す。

（3）臨時点検

落雷や地震、事故発生時、あるいは自動監視による異常発見時には臨時点検が必要です。点検項目および内容は定期点検に準じるものとし、発生した異常事態に応じて適切な項目を選択します。

（4）自動監視

自動監視は、制御装置や電源設備にセンサ等を設置し、ランプの不点、制御回路の通信異常、分岐回路の過負荷、短絡、地絡などの故障や誤動作が発生したときに、施設管理者へ自動的に知らせて早期に異常の発見をするために用いるものです。

（5）清掃

スポーツ施設の照明設備は高所に設置されることが多く日常的な清掃が困難なため、一般に清掃は定期点検と合わせて専門業者に委託されています。

具体的な清掃方法は、機材ごとに第6章に記載します。また、清掃間隔は第7章7-4項を参考にして決定します。

（6）チェックシート

実際に日常点検や定期点検を行う場合の参考として、第5章にチェックシートを記載します。

4-3　保守作業

（1）異常への対応

点検や自動監視により異常を発見したときには、できるだけ早期に対処することで設備寿命を延ばすことができます。発見された異常の内容ごとに、第5章のチェックシート右端に示された処置を行います。

尚、処置には部品交換や修理がありますが、詳細は第6章で機材ごとに示します。

① 部品交換

予備品（ランプ、器具、付属機器など）の交換で簡単に復旧できる場合に行います。

感電や電気事故を防ぐため、専門技術者に依頼することが望まれます。

② 修理

故障の際に機能を復旧させるため、損傷の修理や器具内の部品交換などの作業が必要なもので、必ず専門技術者に依頼することが求められます。

（2）改修・更新

ランプ寿命や照明器具・安定器の適正交換時期を考慮して、一部改修計画や設備全体の更新計画を策定します。計画に当たっては、前記のような設備劣化状況のほか、省エネや節電可能な運用への配慮、新光源や高効率照明器具など新技術を用いる配慮により、更新費用および維持費の低減を図ることが重要です。

4-4　スケジューリングと予算化

点検、清掃および保守作業は、適切なスケジュールを作成し、予算化することで、照明設備を万全な状態で使用できるようにするものです。一般的な保守・管理計画のスケジュール例を表4-3に示します。この例では、照度の定期点検結果から、清掃間隔とランプ交換時期を設定しています。また、設備台帳による使用期間の管理からランプや安定器の交換時期を検討します。さらに、定期点検による補修頻度とその内容を改修や更新計画に生かします。但し、対象とする設備を含む施設全体の管理計画や施設の利用状況などを勘案して、柔軟な計画を立案することが大切です。

表 4-3 保守・管理計画のスケジュール例

異常事象	新設	1年目	2年目 落雷	3年目	4年目 地絡	～ 錆	10年目	～	15年目	備考
日常点検	○					×			○	1ヶ月ごと
定期点検		○	○	○	○	○	○	○	○	1年ごと
臨時点検			○		○					異常時
自動監視	○		×		×				○	常時
清掃		○	○	○	○	○	○	○	○	1年ごと
ランプ交換				○					○	3年ごと
修理			○		○	○				都度
一部改修・更新							○	○	◎	計画時点
予算 （定常時用）	○	○	○	○	○	○	○	○	○	
（異常時用）			○		○	○				都度計上
（計画改修）							○	○	◎	

保守・管理計画のスケジュール例　解説

```
1－1　日常点検：新設後1ヶ月目より毎月行う。
1－2　定期点検：新設後1年目より毎年行う。
1－3　臨時点検：異常（事故・トラブル等）発生時に臨時に行う。
1－4　自動監視：新設時より常時行う。

2－1　清　　掃：新設後1年目より毎年行う。
2－2　ランプ交換：新設後3年目より3年ごとに行う。
　　　＊使用するランプの寿命により交換時期は変わります。
2－3　修　　理：異常（事故・トラブル等）発生時に臨時に行う。
2－4　一部改修・更新：新設後10年目から計画的に行う。
　　　＊見た目に問題がなくても15年目には更新してください。

3－1　定常時用予算：新設時より日常点検、定期点検費用（清掃、ランプ交換）を計上する。
3－2　異常時用予算：異常（事故・トラブル等）発生時に臨時に計上する。
3－3　計画改修予算：10年目または15年目の改修・更新は規模（予算）が大きくなるため、
　　　　時期に合わせて計上する。事前に計画し積み立てておいたほうがよい。

4－1　トラブルの仮定1：2年目に落雷によるトラブル発生
　　　（×印）自動監視で異常（故障）発見
　　　1－3　臨時点検を行う。
　　　2－3　修理を行う。
　　　3－2　異常時用予算計上。
4－2　トラブルの仮定2：4年目に地絡によるトラブル発生
　　　（×印）自動監視で異常（故障）発見
　　　1－3　臨時点検を行う。
　　　2－3　修理を行う。
　　　3－2　異常時用予算計上。
4－3　トラブルの仮定3：○年目に錆の発生
　　　（×印）日常点検で錆を発見
　　　2－3　修理を行う。
　　　3－2　異常時用予算計上。
```

5 チェックシート

A）日常点検チェックシート　　　　　　　　　　　　　　　　　　　　　　　　　　　　　　　　　　　　（様式1）

項目		点検内容	診断結果				処　置
			良	否	点検観察	不良・詳細点検・経過観察が必要な箇所	
ランプ	1	ランプ不点，ちらつきがある　他より極端に暗いものがある					交換
	2	点灯に時間がかかる（毎回15分以上）					交換（経過観察）
	3	ランプが不点になりやすい（同じ場所がよく不点になる）					安定器点検
照明器具	4	きちんと固定されていない（ゆるみ，ぐらつきがある）					固定
	5	さびや変色がある　塗膜のはく離や腐食が著しい					補修又は交換
	6	変形やひび割れがある					補修又は交換
	7	発光部や器具内に汚れ，ゴミの堆積がある					清掃
	8	昇降装置などの機能が正常に動作しない					点検及び修理（交換）
安定器	9	きちんと固定されていない（ゆるみ，ぐらつきがある）					固定
	10	さびや変色がある　塗膜のはく離や腐食が著しい					補修又は交換
	11	変形やひび割れがある					補修又は交換
	12	異常音がある					交換（経過観察）
	13	入出力線に硬化や変色がある					交換
ポール・架台	14	支持物がきちんと固定されていない（ゆるみ，傾きがある）					固定
	15	ボルト，ナットに緩みがある					固定
	16	さびや変色がある　塗膜のはく離や腐食が著しい					補修又は交換
	17	変形やひび割れ，穴あきがある					補修又は交換
分電盤・制御装置	18	点灯しない回路がある					点検及び修理
	19	内部に埃やゴミの堆積がある					清掃
	20	さびや変色がある　塗膜のはく離や腐食が著しい					補修又は交換
	21	変形やひび割れがある　表示部や鍵，扉などの破損がある					補修又は交換

○このチェックシートで「補修又は交換」「点検及び修理」の処置が必要となった内容については、優先度（危険性，状態の程度）に応じて専門技術者の点検を受けて下さい。また、台風や地震などの災害後にも臨時点検を行うことをお勧めします。
○高所作業や充電部の点検は危険を伴いますので、専門技術者が行うようにして下さい。

追記）本様式は「（公財）日本体育施設協会のホームページの特別会員研究部会 スポーツ照明部会」でダウンロードできます。

B）定期点検チェックシート　　　　　　　　　　　　　　　　　　　　　　　　　　　　　　　　　　　　　（様式2）

項目		点検内容	診断結果				処　置
			良	否	点検観察	不良・詳細点検・経過観察が必要な箇所	
ランプ	1	ランプ不点，ちらつきの確認					交換
	2	照明器具，安定器との組み合わせが正しいかを確認					交換
照明器具	3	固定状態の確認（ゆるみ，ぐらつき）					固定
	4	さびや変色の確認 塗膜のはく離や腐食状況					補修又は交換
	5	変形やひび割れの確認					補修又は交換
	6	発光部や器具内の汚れ等の確認					清掃
	7	昇降装置などの動作確認					点検及び修理（交換）
	8	絶縁抵抗の測定（充電部と被充電部間が2MΩ以下の場合はNG)					交換
安定器	9	固定状態の確認（ゆるみ，ぐらつき）					固定
	10	さびや変色の確認 塗膜のはく離や腐食状況					補修又は交換
	11	変形やひび割れの確認（本体と入出力線）					補修又は交換
	12	内部充填物の流出や腐食の有無を確認					交換
	13	絶縁抵抗の測定（充電部と被充電部間が2MΩ以下の場合はNG)					交換
ポール・架台	14	固定状態の確認（ぐらつき，傾き）					固定
	15	ボルト，ナットの確認（腐食，緩み）					固定
	16	さびや変色の確認 塗膜のはく離や腐食状況					補修又は交換
	17	変形やひび割れ，穴あき等の確認					補修又は交換
分電盤・制御装置	18	電源電圧の確認					点検及び修理
	19	点灯動作確認					点検及び修理
	20	さびや変色の確認 塗膜のはく離や腐食が著しい					補修又は交換
	21	変形やひび割れの確認（表示部や鍵，扉など）					補修又は交換
	22	絶縁抵抗の測定（対地間で5MΩ以下の場合はNG)					交換
照度の確認			測定箇所：〔　　　　　　　　　〕＝〔　　　〕lx（ルクス） 測定箇所：〔　　　　　　　　　〕＝〔　　　〕lx（ルクス） 測定日時：〔　　年　　月　　日　　時　　分～　　時　　分〕 照度計の種類：〔　　　　　　　　　　　　　　　　　〕				

○高所作業や充電部の点検は危険を伴いますので、専門業者が行うようにして下さい。

追記）本様式は「（公財）日本体育施設協会のホームページの特別会員研究部会　スポーツ照明部会」でダウンロードできます。

6 各設備のメンテナンス

6-1 照明器具（投光器）

（1）種類と特徴

　投光器は、主に屋外で広範囲のエリアを照明するために使用されています。外形から丸形（軸対称配光）と角形（面対称配光または非対称配光）に分類されます。コンクリート柱や鋼管ポールに投光器を取り付ける場合は、安定器を共に取り付けることが多く、ほかに安定器箱を設けて安定器を別に設置することもあります。塩害などの環境条件に適応するように特に耐候性を高めたものがあり、耐食形、耐塩形などと呼ばれています。最近ではLEDの発光効率と光束が非常に大きくなっており、LED投光器も使用されています。

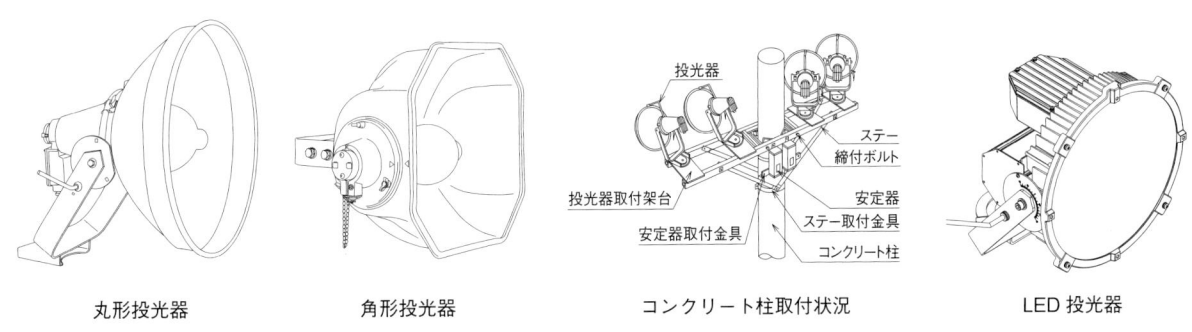

丸形投光器　　　角形投光器　　　コンクリート柱取付状況　　　LED投光器

（2）点検ポイントと交換の目安

【点検のポイント】

①日常的な点検項目の一例を下記に示します。（その他点検項目は第4章4-2の表4-1参照）
- 点灯状況について、不点、暗い、ちらつきがないか、目視で都度確認する。
- 器具の取付状況について、不自然な傾きやがたつきがないか、月に1～2回確認する。
- 安定器が不自然なうなりを発生していないか、月に1～2回程度確認する。

②定期点検項目の一例を下記に示します。（その他点検項目は第4章4-2の表4-2参照）
- 投光器は、高所に設置されるので点検作業は専門業者に委託する。
- 照明器具の外観、可動部分、パッキン類、配線部品等に、変色、錆、塗膜はく離、変形、ひび割れ、破損がないか、器具内部に結露・浸水跡がないか、年に1回程度確認する。
- 電線について、硬化、変色、ひび割れ、心線の露出がないか、年に1回程度確認する。
- 器具単体や外部配線の絶縁抵抗値を年に1回程度測定する。

【耐用年数と交換の目安】

　照明器具の一般的な寿命の目安は10年（JIS C 8105-1解説）、耐用年数は15年（（一社）日本照明器具工業会ガイド111）です。第5章のチェックシートを参考にし、専門技術者による修理または交換など適切な処置を行います。

6-2　照明器具（テニスコート専用器具）

（1）種類と特徴

テニスコートのレクリエーション施設では、前述の投光器のほかに照明器具の施工性やデザイン性を考慮したテニスコート専用器具が使用されています。

テニスコート専用器具は高さ6～8mの専用ポールに取付けられるため、コンクリート柱や鉄塔などの高所に取り付けられた投光器と比較すると、ランプ交換の作業性が良く、被照明面を効率良く照明し、周辺への漏れ光を生じ難いという利点をもっています。

投光器と同様に、塩害などの環境条件に適応するように特に耐候性を高めたものがあり、耐食形、耐塩形などと呼ばれています。

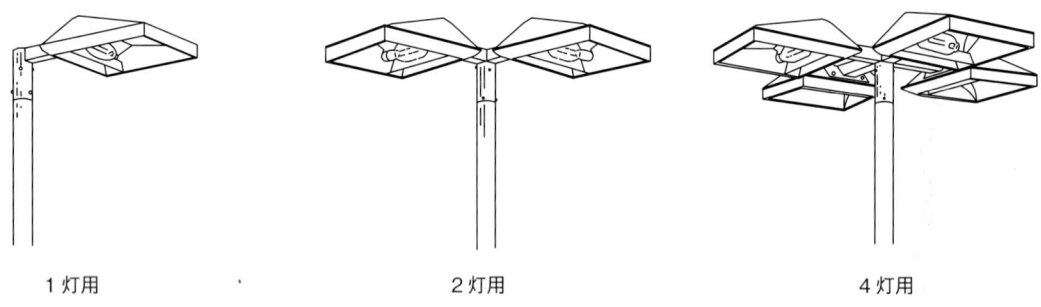

1灯用　　　　　2灯用　　　　　4灯用

（2）点検ポイントと交換の目安

【点検のポイント】

①日常的な点検項目の一例を下記に示します。（その他点検項目は第4章4-2の表4-1参照）
・点灯状況について、不点、暗い、ちらつきがないか、目視で都度確認する。
・器具の取付状況について、不自然な傾きやがたつきがないか、月に1～2回確認する。
・安定器が不自然なうなりを発生していないか、月に1～2回程度確認する。

②定期点検項目の一例を下記に示します。（その他点検項目は第4章4-2の表4-2参照）
・照明器具は、高所に設置されるので点検作業は専門業者に委託する。
・照明器具の外観、可動部分、パッキン類、配線部品等に、変色、錆、塗膜はく離、変形、ひび割れ、破損がないか、器具内部に結露・浸水跡がないか、年に1回程度確認する。
・電線について、硬化、変色、ひび割れ、心線の露出がないか、年に1回程度確認する。
・器具単体や外部配線の絶縁抵抗値を年に1回程度測定する。

【耐用年数と交換の目安】

照明器具の一般的な寿命の目安は10年（JIS C 8105-1解説）、耐用年数は15年（（一社）日本照明器具工業会ガイド111）です。第5章のチェックシートを参考にし、専門技術者による修理または交換など適切な処置を行います。

6-3 照明器具（反射笠・多灯用バンクライト）

（1）種類と特徴

　反射笠は、主に屋内運動場に使用されます。反射笠にはバレーボール等の外部衝撃から器具を守るため、ガード（全体ガードまたは下面ガード）等が取り付けられる構造になっています。

　また、HID光源は点灯するまで時間がかかるのでその間の明るさを補うために光補償装置が取付けられた反射笠もあります。

　多灯用バンクライトは、高照度が要求される場合や大規模な屋内運動場に使用され、反射笠と同様に下面ガードが取り付けられる構造になっています。また、大型の照明装置となるため、重量を考慮した取付方法や1組の装置に照明器具が集中するので照度均斉度を確保するために取り付け間隔等に配慮が必要です。

　最近ではLEDの発光効率と光束が非常に大きくなっており、LED高天井器具、LEDバンクライトも使用されています。

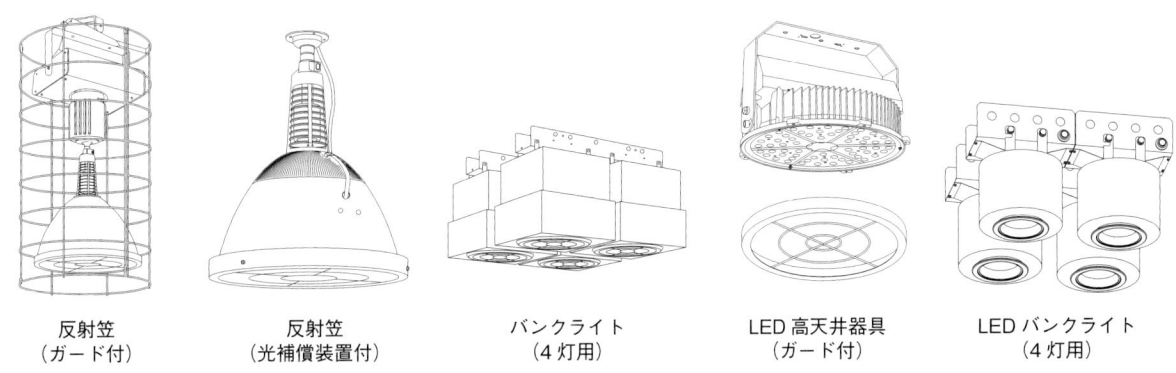

反射笠　　　　　反射笠　　　　　バンクライト　　　LED高天井器具　　　LEDバンクライト
（ガード付）　（光補償装置付）　（4灯用）　　　　（ガード付）　　　　（4灯用）

（2）点検ポイントと交換の目安

【点検のポイント】

①日常的な点検項目の一例を下記に示します。（その他点検項目は第4章4-2の表4-1参照）
- ・点灯状況について、不点、暗い、ちらつきがないか、目視で都度確認する。
- ・器具の取付状況について、不自然な傾きやがたつきがないか、月に1～2回確認する。
- ・安定器が不自然なうなりを発生していないか、月に1～2回程度確認する。

②定期点検項目の一例を下記に示します。（その他点検項目は第4章4-2の表4-2参照）
- ・反射笠・多灯用バンクライトは、高所に設置されるので点検作業は専門業者に委託する。
- ・照明器具の外観、可動部分、パッキン類、配線部品等に、変色、錆、塗膜はく離、変形、ひび割れ、破損がないか、年に1回程度確認する。
- ・電線について、硬化、変色、ひび割れ、心線の露出がないか、年に1回程度確認する。
- ・器具単体や外部配線の絶縁抵抗値を年に1回程度測定する。

【耐用年数と交換の目安】

　照明器具の一般的な寿命の目安は10年（JISC8105-1解説）、耐用年数は15年（（一社）日本照明器具工業会ガイド111）です。第5章のチェックシートを参考にし、専門技術者による修理または交換など適切な処置を行います。

6-4 ランプ

（1）種類と特徴

スポーツ照明には、施設規模や競技種別、屋外と屋内の違いなどによって様々な光源が使用されています。下表にその代表的なランプの種類と特徴を示します。

表6-1 各種ランプの特徴

ランプの種類		大きさ (W)	効率 (lm/W)	色温度 (K)	平均演色評価数 (Ra)	定格寿命 (h)	特徴・用途
メタルハライドランプ	高効率形	400〜2000	87〜106	3800〜4300	65〜70	6000〜9000	● 高輝度, 高効率 ● スポーツ照明として最も普及 ● 白色（演色性普通）
	高演色形	1000〜2000	74〜91	5500〜6000	85〜93	3000〜6000	● 演色性を重視する大規模施設で使用 ● TV撮影対応 ● 白色（高演色）
高圧ナトリウムランプ		360〜940	118〜149	2050〜2100	25	12000〜24000	● 高効率, 高出力, 長寿命 ● 他の光源と混光して使用 ● 橙白色（演色性悪い）
蛍光水銀ランプ		400〜1000	53〜57	3900〜4100	40	12000	● 道路や公園などで普及 ● 安価 ● 白色（演色性普通）
Hf蛍光ランプ		32・45	100〜105	4200	84	12000	● 屋内施設で使用 ● 安価 ● 白色（演色性良い）
ハロゲン電球		500〜1500	18〜22	2900〜3000	100	2000	● 停電時の保安照明 ● 瞬時点灯可 ● 電球色
白色LED		200〜400	56〜72（総合効率）	5000	65〜70	40000〜60000	● 長寿命, 高効率 ● 光束出力がまだ小さい。今後の開発, 普及に期待 ● 瞬時点灯可

上表のうち、メタルハライドランプ、高圧ナトリウムランプ、蛍光水銀ランプを総称してHIDランプ（High Intensity Discharge Lamp）といい、白熱電球（ハロゲンランプを含む）や蛍光ランプに比べて、効率が良く高出力であるため、スポーツ照明に広く使用されています。

［HIDランプの特長］

①効率が良い（高効率）　⇒ 照明設備の使用電力を少なくできる。

②出力が大きい（高出力）⇒ 照明器具台数を少なくできる。

③寿命が長い（長寿命）　⇒ ランプ交換の頻度が少ないため、維持費を少なくできる。

但し、HIDランプは瞬時再点灯が困難であるため、保安用照明としてハロゲン電球や白色LED、反射笠では光補償装置付きなどが併用されます。

また、屋内の天井の低い施設（フィットネス施設や武道館など）ではHf蛍光ランプや白色LEDなどが使用されるケースもあります。

（2）点検ポイントと保守・管理方法

ランプはその使用に伴って、電極が消耗したり、発光管の封入物の反応などにより、特性が徐々に変化します。特に光出力（光束）は下図のように顕著に低下するため、競技面における適切な照度を維持するためには、定期的な点検と照度測定を行い、適切なランプ交換を行うことが必要になります。

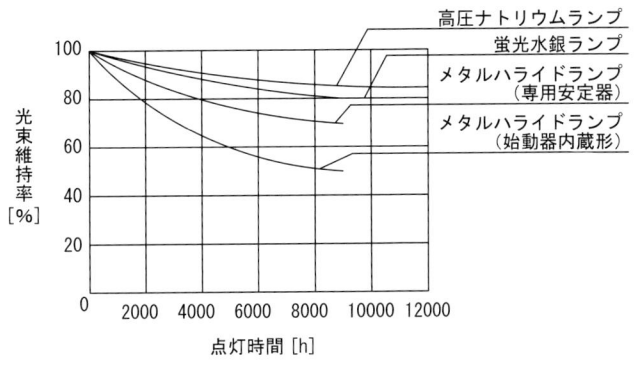

図 6-1 光源の光束維持率曲線

【点検のポイント】

①ランプの寿命末期の現象は下図の通りです。そのまま点灯を継続すると、過熱により安定器に支障をきたしたり、ランプ破裂のおそれがあります。点滅の繰り返しや変色などの異常が見られるランプは速やかに交換するようにします。

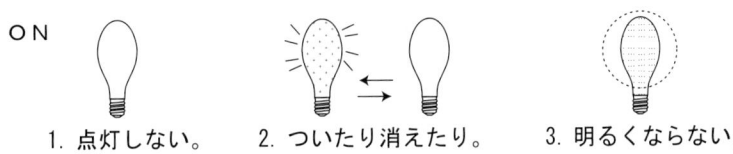

②光源の主な故障の症状とその対策は次の通りです。

表 6-2　光源の故障症状と対処方法

症状	原因	チェック方法	対処
ランプが点灯しない	ランプのねじ込み不足	ランプをソケットに十分ねじ込む	同左
	発光管リーク、溶接外れなどのランプ不良	正常な安定器で点灯しないことを確認する	ランプ交換
	安定器の寿命	安定器の設置時期を確認する（標準使用状態で8～10年が目安）	安定器交換
	電源電圧が低く過ぎる	電源電圧を調べる	電源電圧を適正にする
ちらつきや点滅を繰り返す	ランプ電圧が高い	ランプ電圧を調べる	ランプ交換
	電源電圧が低い	電源電圧を調べる	電源電圧を適正にする
点灯するが明るくならない	安定器の不適合	ランプと安定器の種類の適合性を調べる	安定器に適合したランプに交換する
	器具、ランプの汚れがひどい	使用環境を調べる	ランプ、器具の清掃
	ランプの点灯方向が不適合	指定された点灯方向以外になっていないか調べる	適正な点灯方向のランプに交換
短時間で点灯しなくなる	電源電圧が低い、または高い	電源電圧を調べる	電源電圧を適正にする
	安定器の不良	二次電圧と二次短絡電流が正常か調べる	安定器交換
	周囲温度が高すぎる	周囲温度を調べる	取付場所の再検討 通風を良くする

【保守・管理の方法】

①定期的に照度測定を行って、必要な照度が維持できているかどうかを確認します。
照度の低下が著しい場合は、第7章（保守計画の最適化）を参照して施設の規模や利用方法に適したランプ交換および清掃を行います。

⇒［照度測定の推奨頻度］：1回／年
⇒［測定ポイント］：被照明面全体（5～10mピッチの格子交点）または主要なポイント（4隅、中央、ベース上、ゴール前など）

②ランプ交換や清掃は必ず電源を切ってから行います。
③清掃は、清水に浸したウエスで汚れを落とし、乾いたウエスで水分を良く拭き取ります。
④ランプは汚れた手で直接さわると明るさの低下の原因になります。特にハロゲン電球はガラス球の破損の原因となるので注意が必要です。
⑤光源の近距離で長時間作業をしたり、ランプを直視しないようにします。紫外線放射による目や皮膚の障害の原因になることがあります。

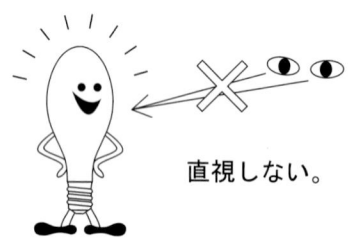
直視しない。

⑥ランプの外管（ガラス球）が割れた状態で、絶対に点灯しないようにします。直ちに電源を切ってランプを交換します。

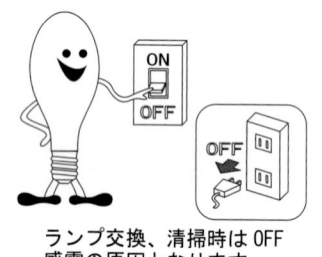
ランプ交換、清掃時は OFF
感電の原因となります。

6-5 安定器

（1）種類と特徴

HIDランプや蛍光ランプなどの放電ランプを点灯させるには、ランプの点灯始動に必要な電圧を与え、ランプ電流が増え続けるのを抑制して安定点灯させる安定器が必要です。

安定器は、ランプの種類、電源電圧、電源周波数や点灯方式などに応じて適切なものを選択して使用する必要があります。

HIDランプは、発光管が高温高圧のため明るさが安定するまでに4～8分ほど時間がかかり、消灯後も再点灯するまでに時間がかかります。下表にHIDランプの代表的な安定器の種類と特徴を示します。

表6-3 安定器の種類と特徴

種類		特徴	用途
一般形	低力率	電源電圧の変動が少なく、電源および配線容量に余裕が十分ある場合に使用します。小形、軽量でコストが抑えられます。力率は50～65%	街路、園路
	高力率	電源電圧の変動が少なく、電源および配線容量に余裕がある場合に使用します。低力率形に比べて入力電流が60～70%になります。力率は85%以上	街路、園路
低始動電流形		始動時の入力電流を低く抑えたい場合に使用します。始動電流は安定時の130～145%です（一般形は約170%）。力率は85～95%	街路、園路
定電力形 ピーク進相形		始動・無負荷時の電流が安定時よりも低く、電圧変動に対する光出力の変化が少ないという特長があります。力率は90%以上	道路、屋内外スポーツ
専用安定器		定電力の専用安定器で1000～2000Wのメタルハライドランプなどに使用されます。	屋内外スポーツ

（2）点検ポイントと保守・管理方法

安定器は、他の電気機器と同様に主として巻線などに用いられている絶縁物の消耗によって、絶縁性能が劣化します。絶縁物の絶縁性能は、そのさらされている温度が高いほど減耗が早く、JIS C 8110では周囲温度が40°C以下で標準的な使用状態の場合に8～10年間を平均寿命としています。よって、外観に異常がなくても内部の劣化は進行しており、絶縁劣化により発煙やコイルの異常発熱による断線、コンデンサケースの破損などの事故に至る危険性があるので、次頁の劣化診断を定期的に行い、状態の悪い安定器は交換をします。

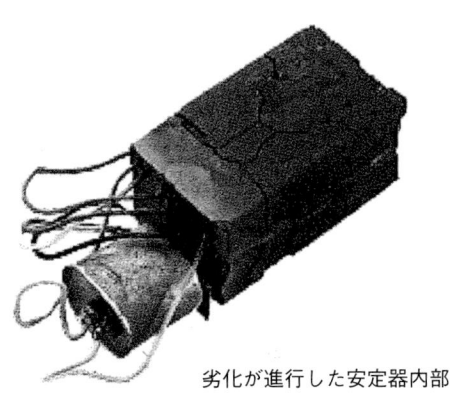

劣化が進行した安定器内部

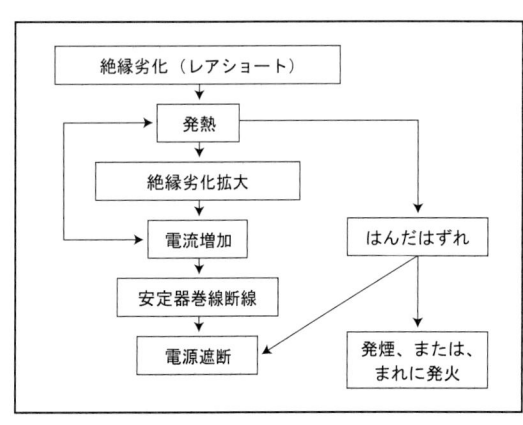

【点検のポイント】

①外観と絶縁抵抗のチェックを行います。下表による診断の結果、●の場合は危険な状態, ▲の場合は劣化がかなり進行した状態です。これらの症状が見られる場合は速やかに交換するようにします。

②3～5年に1回は専門技術者による点検を実施します。

表6-4 劣化診断チェックの内容

項 目	症 状	診断結果	対 処
ケース外面	熱による変色または部分的にさびの発生が見られる	▲	安定器交換を検討
	内部の充填物等の流出または腐食が著しい	●	安定器交換
	傷や塗装のはく離が見られる	△	塗装補修
口出線	被覆に硬化や変色が見られる	▲	安定器交換を検討
	被覆にひび割れ、心線露出がある	●	安定器交換
絶縁抵抗	充電部と非充電部間が2MΩ以下である	●	安定器交換

【保守・管理の方法】

①冬季など、長期間に亘り照明を使用しない施設では周辺の湿気により絶縁抵抗が低下して、漏電や感電の原因になります。湿気対策として、定期的に通電を行います。

②安定器表面に錆が発生しないように定期的に保守を行います。特に傷がついている場合は必ず補修塗装を行います。

③安定器は、周囲温度が−20～+40℃の範囲で使用します。また、安定器相互の間隔はケース幅以上離すようにします。安定器収納箱等に入れる場合でも通風を良くして40℃以下になるようにします。

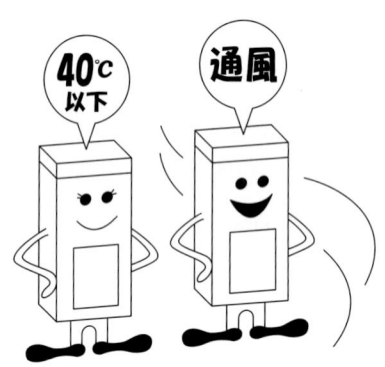

6-6 照明柱（コンクリート柱）

（1）種類と特徴

屋外スポーツ施設において、照明器具を高所に取り付けるために使用されるコンクリート柱は、地上高14m程度以下の一般ポールと地上高15〜30mのハイポールがあります。

①一般ポール：継手がない1本もので最大長17m、塗装によるカラーポールなどもあります。

②ハイポール：複数のコンクリート柱を溶接などにより接合したもの（長尺で高耐荷重）。

コンクリート柱は、配電線路や防球ネットにも使用され、同等の耐力をもつ他の柱材に比べて比較的安価でコンクリート表面が腐食しにくいため一般地域ではメンテナンスフリーに近い特徴があります。

（2）点検ポイントと交換の目安

【点検のポイント】

①日常点検では、以下の各項目について目視による確認を行います。

確認する箇所は、コンクリート柱表面や地際部のひび割れ、鉄筋の露出などの腐食状況、ハイポールの継手部に使用されている鋼材の防錆処理の状況、カラーポールの場合は塗装のひび割れやはく離の有無と磨耗の程度など。

②定期点検は、日常点検できない柱上部や照明器具取付用架台および昇降用足場を専門技術者に依頼して行います。

点検により発見された劣化が軽度の場合は、鋼材の防錆処置や補修塗装を行います。なお、コンクリート柱のひび割れなど重大な異常を確認した場合は、できるだけ早期に建て替えを計画する必要があります。

【耐用年数と交換の目安】

コンクリート柱の耐用年数の目安は、一般環境で30〜40年です。

ただし、防球ネットを取り付ける場合などは、風圧による振動の影響で亀裂が発生しやすいため、20〜30年での建て替えが目安となります。

6-7 照明柱（鉄塔）

（1）種類と特徴

鉄塔は、地上高や意匠、投光器の数量に制約を受けず、自由度の高い設計が可能で、主に大規模な施設で採用されます。鉄塔を塔体の形状で分類すると、鋼管を一本または二本組み合わせた鋼管柱と、鋼板や形鋼を用いる鋼材組立柱があります。

【形状の分類】

①鋼管柱：塔体が鋼管でシンプルな形状のため、補修箇所が少なくなります。また、鋼管の内部空間を利用してフランジ、昇降用梯子、配線などの取り付けを行うことが可能で、保守作業や意匠性に有利です。さらに、設置スペースが少なく、比較的短期間に建柱が可能です。

②鋼材組立柱：鋼板や形鋼をラチス、トラス、ラーメン構造に組み上げるもので、構造が複雑なため補修箇所が多くなります。比較的軽量ですが部材が多いため、建柱作業に長期間を要すること、広い敷地面積が必要なこと、保守作業に劣ることから近年では採用される例が少なくなっています。

【材質の分類】

鉄塔の材質は、主として普通鋼と耐候性鋼が用いられます。

①普通鋼材：錆の発生が早いため防錆処理が必要で、一般的には防錆効果が高い溶融亜鉛めっき仕上げが多く使用され、景観に配慮してめっき後に塗装を施す場合もあります。

②耐候性鋼材：耐候性を高めるため表面に安定化錆を生成させるもので、照明用鉄塔に用いる場合は景観も考慮して塗装と似た外観の化学的な皮膜を施します。

（2）点検ポイントと交換の目安

【点検のポイント】

①日常点検では、以下の各項目について目視による確認を行います。

・鋼材表面や接合部の防錆処理の腐食状況
・ボルト、ナットのゆるみ
・基礎コンクリートのクラック

②定期点検は、日常点検できない部分を含め第5章のチェックシートなどを参考にして、専門技術者による点検を1～2年ごとに行います。

なお、鋼材組立柱は鋼管柱に比べて部材が多く、接合部や折り曲げ部などで腐食しやすいため、特に入念な管理が必要となります。

③点検により発見された腐食が軽度の場合は、鋼材の防錆処置に合わせた補修を行います。また、ボルト、ナットにゆるみがある場合は、速やかに所定の手順に沿った増し締めが必要です。

【耐用年数と交換の目安】

普通鋼材の場合、溶融亜鉛めっき処理では一般環境におけるめっき層の減退が20～30年、めっき後塗装仕上げの場合では適切な補修塗装を施すことで30～40年が耐用年数の目安となります。尚、一般環境における防錆塗装の寿命である4～6年ごとに補修塗装を行う必要があります。

耐候性鋼材は、一般環境で30～40年が耐用年数の目安と言われています。また、耐候性鋼材でも景観に配慮して塗装を施した場合には、4～6年ごとの補修塗装が必要です。

尚、腐食環境にある鉄塔では、早くから地際部の板厚減少や穴あきなど重大な異常が見られることがあり、この場合にはできるだけ早期に建て替えを計画する必要があります。

6-8　昇降装置

（1）種類と特徴

　昇降装置は、照明器具の点検・清掃やランプ交換を床面付近で安全に行うために、器具取付部を昇降させる装置です。器具の取付高さが5mを超える場合にローリングタワーなどを使用すると、足場費用が高価になることや作業の危険度が増すため、屋内運動場など高い天井の施設で用いられています。昇降装置には、手動式のタイプもありますが、電動式を使用することが多くなっています。

①電動式：モータを利用して昇降部を巻き上げ・巻き下ろしするタイプで、上限と下限ではリミットスイッチなどにより自動停止します。駆動には、電源供給のほか制御線が必要です。

②手動式：昇降部を吊るすワイヤを天井面や壁面を経て床面付近のウインチまで張り、それを手動で回転させることにより昇降させます。電源が不要というメリットはありますが、ワイヤ延長が長くメンテナンスの煩雑さと操作に手間がかかることから、採用が減っています。

（2）点検ポイントと交換の目安

【点検のポイント】

　通常、昇降装置を使用するのは清掃やランプ交換時で年に1回程度ですが、長期間使用しないでいると不具合を生じることがあるため、定期的に動作状況の点検を行うことが望まれます。なお、点検する際には以下のポイントに注意が必要です。

　①作業前にランプ電源を切ること。

　②定格連続運転時間（通常30分）を超えて使用しないこと。

　③照明器具以外の昇降に使用しないこと。

　④モータや滑車の回転異常や、動作音に異常があるときは使用を中止すること。

　モータや滑車などの回転機構を持つため、ワイヤのよじれ（キンク）、素線の断線、錆の発生などが不具合の原因となります。この場合はワイヤの補修や交換を行います。

　また、使用時に異音、振動、こげ、異臭など重大な異常を発見したときには、速やかに使用を中止し本体の修理や交換を行います。

【耐用年数と交換の目安】

　一般的な使用環境における昇降装置の寿命は10年が目安です。また、安定器を内蔵している機種はコンデンサや電子機器を使用しているため、外観に異常がなくても内部の劣化が進行している場合があるため、専門技術者による定期点検に基づく改修を計画することが大切です。

6-9 保守用足場・架台

（1）種類と特徴

屋内運動場では、保守作業のたびに仮設足場を持ち込まなくて済むように、あらかじめ高天井の照明器具や配線設備に沿って保守用足場（キャットウォーク）を設け、保守性を高めることが行われています。また、壁面上部や屋外の屋根に照明器具を設置する場合に、照明器具付近のみに保守用架台を設けて高所作業の安全性を高める配慮をすることもあります。

いずれも一般的には普通鋼材に防錆塗装が多く使用されますが、屋内であっても海岸線に近い場合など周囲環境によっては、防錆効果が高い溶融亜鉛めっき仕上げ後に塗装を施す場合もあります。

（2）点検ポイントと交換の目安

【点検のポイント】

鋼製の足場や架台は腐食や金属疲労などの経年劣化が避けられないため、定期的な点検を行い安全性を確保する必要があります。そこで、第5章のチェックシートなどを参考にして1年に1回以上点検を行います。特に、以下の各項目について目視による確認を行い、異常を軽微なうちに発見して対策を施すことが大切です。

①傾き、異常な揺れ、曲がりなど変形箇所がないか
②足場や架台の支持部（コンクリートなど）にひび割れがないか
③塗装に傷や劣化がないか
④ボルト、ナットのゆるみ

また、3年に1回は専門技術者による点検を実施することが望まれます。

【耐用年数と交換の目安】

一般環境における防錆塗装の寿命は4～6年といわれており、点検結果に基づく定期的な補修塗装を計画する必要があります。

また、溶融亜鉛めっき処理では一般環境におけるめっき層の減退が20～30年、めっき後塗装仕上げの場合では適切な補修塗装を施すことで30～40年が耐用年数の目安となります。

6-10　制御装置

（1）種類と特徴

スポーツ照明設備では、利用者が使用する競技範囲、競技の種類、競技レベルに合わせて、照明の点灯パターンを切り替えて必要な範囲に必要な明るさを提供するための各種制御装置が用いられます。

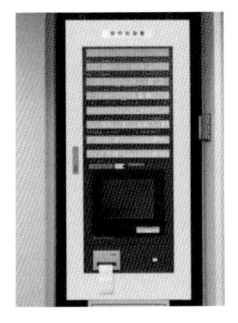

①照明制御盤

　管理室内に設置して、照明設備の一括集中制御を行う壁掛式または据置式の制御装置です。細かくグループ分けした照明設備を組み合わせてプログラムすることで、管理者が簡単にパターン制御したり、スケジュール制御したりできるため、主に大規模な施設で用いられます。

②照明自動点灯盤

　競技施設ごとに出入口付近に設置して、利用者が直接操作を行うコイン式または磁気カード式あるいはバーコード式の制御装置で、屋外に多く設置されています。

　コインなどを投入することで、指定した競技範囲の照明を一定時間だけ利用できるように設定可能なもので、管理者が不在でも施設を使用できるため、規模が小さい施設でも管理の省力化のために採用されています。

③簡易スイッチ式点灯盤

　押しボタンスイッチのみ、またはタイマと組み合わせて照明負荷の電源を直接制御することで照明設備を利用するものです。最も安価なことから、単独施設など小規模な競技場で用いられます。点灯盤自体は誰でも操作できる形態であるため、管理者が操作するかあるいは施設を利用するための鍵を貸し出すなど運用方法に配慮が必要です。

（2）点検ポイントと交換の目安

【点検のポイント】

　制御装置に内蔵されている部品の寿命は、保守・点検状況またはメーカーが推奨する条件に従って、消耗品や磨耗部品を適切に交換することを前提に設定されています。点検は、第5章のチェックシートなどを参考にして行いますが、特に次の部品については、定期点検に基づく計画的な交換が必要となります。

　①データバックアップ用内蔵蓄電池やヒューズなどの消耗品

　②コイン判定部やカードリーダ部など駆動部を有する部品

　③遮断器やスイッチなど接点を有する部品

　④内蔵サージアブソーバや頻雷地区で外部に接続する避雷器

　尚、点検時には、弱電回路に絶縁抵抗試験を行うと、高電圧によりマイコンなど電子機器を故障させてしまうため十分注意することが必要です。

　また、腐食環境に設置された制御装置の箱体に塗装の傷や錆を発見した場合は、速やかに補修塗装など適切な防錆措置を施して設備寿命の延命を図ります。

【耐用年数と交換の目安】

　屋内に設置される制御装置の耐用年数は20～25年、一般環境の屋外においては10～15年が目安です。しかし、制御装置の場合には、物理的劣化のみでなく性能の陳腐化による社会的劣化も考慮する必要があります。従来の装置に比べ、著しく機能が向上したり安全性が飛躍的に高まったりして、既存設備の陳腐化が進んだ場合にも装置の交換を行うことが望まれます。

6-11 電源設備

(1) 種類と特徴

電源設備は、安全で効率よく構内の負荷設備に電気を供給することと、構内の電気事故が周辺に波及することを防止するために設置されます。

【設備の構成】

電力会社から電力を受電するため、敷地境界付近に受電点として通常は引込柱と配電盤を設置します。受電する電気が高圧の場合は、受電盤、変圧器盤、配電盤を組み合わせた据置式キュービクルタイプが多く用いられます。次に、照明を使用する施設付近に分電盤を設置して、配電盤から幹線を布設することで照明負荷に電気を供給します。この分電盤は、リモコンリレーやマグネットスイッチが内蔵され、タイマやリモコンスイッチなどによって自動制御や遠隔制御されることから、照明制御盤と呼ぶこともあります。また、保守作業の便宜を考慮して、照明負荷の直近にスイッチ盤を追加設置することもあります。

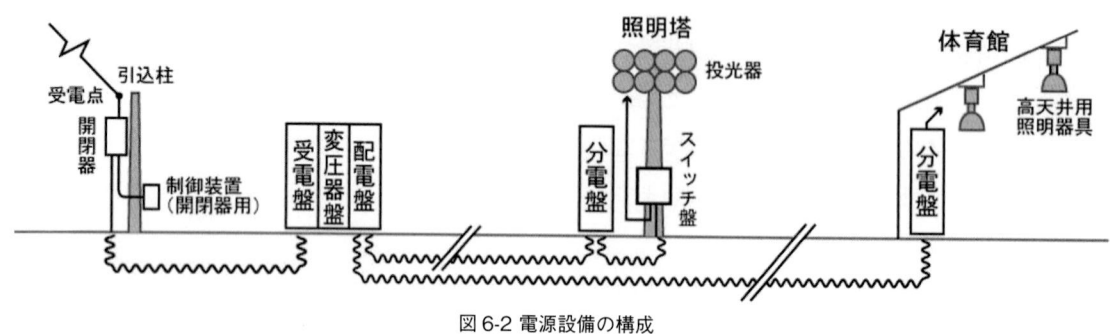

図6-2 電源設備の構成

(2) 点検ポイントと交換の目安

【点検のポイント】

引込柱に取り付ける配電機器や電源設備の各盤の劣化は、目視のほかに絶縁抵抗測定などにより定期的に点検します。

尚、配線用遮断器など各盤に内蔵される配電機器も、劣化診断のために絶縁抵抗を測定し、対地間で5MΩ以下であれば交換する必要があります。このとき、測定時の高電圧によって破損の懸念がある電子機器を配電機器の二次側に接続している場合は、125Vレンジを使用するなど十分な配慮が必要です。

また、各盤の外箱に塗装の傷や錆を発見した場合は、速やかに補修塗装など適切な防錆措置を施して経年劣化の進行を抑えることが大切です。

【耐用年数と交換の目安】

引込柱の耐用年数は、前述の照明柱（コンクリート柱）に準じて判断します。

電源設備各盤の箱体は、屋内に設置される場合、傷や錆の補修など保全を十分に行うことを前提にすれば40年は使用可能ですが、一般環境の屋外においては10～15年が目安です。

また、各盤の内蔵機器ごとに寿命が設定されており、配線用遮断器や継電器類は15年、電磁開閉器やコンデンサは10年が耐用年数といわれています。尚、配線用遮断器や漏電遮断器は開閉回数に制限があり、定格電流が大きいほど開閉回数が少なく、さらに無負荷開閉より負荷開閉の方が寿命が短くなります。たとえば、定格100A以下の遮断器では通常10000回の開閉が保証されていますが、事故時の引き外し動作の場合1000回の開閉で故障してしまいます。

このように、電源設備の耐用年数は運用状況や雷サージなど周囲環境にも大きく影響を受けるため、専門技術者による定期的な点検に基づき、計画的な保全を実施して設備の延命を図ることが重要です。
参考に、電源設備に使用される機器の更新推奨時期を表6-5に示します。

表6-5　各機器の更新推奨時期（参考）

機　種	更新推奨時期
高圧交流負荷開閉器 真空遮断器	屋内用15年、又は定格負荷電流開閉回数200回 屋外用10年、又は定格負荷電流開閉回数200回 G付開閉器の制御装置10年
断路器	手動操作20年、又は操作回数1000回
避雷器	15年
高圧配電用変圧器	20年
計器用変成器	15年
高圧限流ヒューズ	屋内用15年、屋外用10年
高圧進相コンデンサ 直列リアクトル、放電コイル	15年
交流遮断器	20年、又は規定開閉回数
保護継電器	15年

注）上記の開閉器や遮断器の推奨時期は、メーカーが指定する部品交換条件により消耗部品や磨耗部品が適切に交換されていることを前提としています。

表6-6　配線設備の耐用年数の目安

種　類	布設状況	耐用年数の目安
高圧ケーブル（CV、CVT等）	屋内布設	20～30年
	直埋、管路、屋外ピット布設	10～20年
低圧ケーブル（CV、VV、CVV等）	屋内布設	20～30年
	屋外布設	15～20年
絶縁電線（IV、HIV、DV等）	屋内の電線管・ダクト布設	20～30年
	屋外布設	15～20年

注）キャブタイヤケーブル等の移動用ケーブルの耐用年数は、使用状況により大きく異なるため、使用状況に見合う更新計画が必要です。

6-12　配線設備

（1）種類と特徴

　配線設備は、照明負荷に電気を供給するために布設するもので、電力会社からの受電点と分電盤との間の幹線と、分電盤から負荷までの分岐線に分けられます。特に、照明柱に取り付ける分電盤以降の立上部と点検架台部の配線は柱上配線と呼ぶことがあります。また、安定器から分電盤側を一次側配線、安定器からランプ側を二次側配線と呼ぶこともあります。

　まず、受電点から配電盤までの引込幹線には、高圧または低圧ケーブルが用いられます。次に、配電盤から分電盤までの幹線および分電盤以降の分岐線には、主に低圧ケーブルが用いられます。

　ここで、最近の公共施設では屋内のみならず屋外布設においても、一般のケーブルに比べて環境への影響に配慮されたエコケーブルを使用することで、火災時における安全性の向上や環境負荷の低減が図られるようになってきました。また、現在では照明設備の配線として絶縁電線を布設することは少なくなっています。

　尚、配線を保護する目的で用いる電線管などの保護管も含めて、配線設備と呼ぶこともあります。保護管は、屋内外の露出配線、コンクリート打込配線、地中埋設配線など布設状況に応じて、鋼製や樹脂製など種々の配管が採用されています。

（2）点検ポイントと交換の目安

【点検のポイント】

　まず、配線の目視点検に当たっては、ケーブル両端の接続部の処理状況に注意します。

　次に、配線の劣化状況は外観では診断が難しいため、専門技術者による絶縁抵抗測定などの定期点検を計画的に実施することが大切です。特に、高圧ケーブルについては、長期使用に伴う劣化で事故が発生すると、重大な波及事故に発展することが多く近年問題になっているので注意が必要です。

　また、配管は設置する環境により劣化状況が大きく異なるため、定期的な点検に基づく保全が欠かせません。特に、屋外に設置された樹脂製電線管や樹脂で被覆した電線管は、紫外線による劣化等で設置年数の経過とともにもろくなるため、点検の際には目視のみでなく触れてみることが必要です。さらに、腐食しやすい鋼製電線管などに塗装の傷や錆を発見した場合は、速やかに補修塗装など適切な防錆措置を施します。

【耐用年数と交換の目安】

　一般のケーブルや電線は、絶縁体に対するストレスが大きな劣化要因となり、耐用年数に影響を与えます。劣化要因には、過電流・過電圧など電気的ストレス、衝撃・圧縮・屈曲・振動など機械的ストレス、温度変化による物性の低下など熱的ストレス、油・薬品など化学的ストレス、紫外線や塩分や浸水の影響などがあります。配線設備の耐用年数は、上記のような使用環境により大きく変わりますが、屋内環境では20〜30年、一般環境の屋外においては10〜20年が目安といわれています。

　参考として、よく用いられるケーブルの種類と布設状況に応じた耐用年数の目安を表6-6に示します。

7 保守計画の最適化

7-1 定期的な保守の実施

　照明施設は、その使用に伴って明るさが徐々に低下していきます。これはランプの光束低下や照明器具の汚れ、光学部品の性能劣化などによるもので、その他に屋内施設などで壁面・天井面等の汚れなどの影響が考えられます。照明施設を適切に維持するためには、施設の使用環境や規模に応じた保守管理を適切に行う必要があります。

　ここでは、①ランプの交換方式、②ランプの交換時期、③清掃の間隔の3つを挙げ、施設管理者が保守計画を立案するための手がかりとします。

　ランプと照明器具の定期的な保守は、省エネルギー対策として有効な手段のひとつであり、施設管理者は定期的な保守を確実に行うことで、エネルギーを効率良く明るさに変換して、良好な照明環境を施設利用者（プレーヤーや観客など）に提供することができます。

7-2 ランプの交換方式

　ランプはその使用に伴って、光出力（光束）が低下します。競技面において適切な明るさを維持するためには、各ランプの光束低下の程度を把握しておく必要があります。

　図7-1は、ランプの光束維持率と残存率を合わせた［設計光束維持率］を示します。

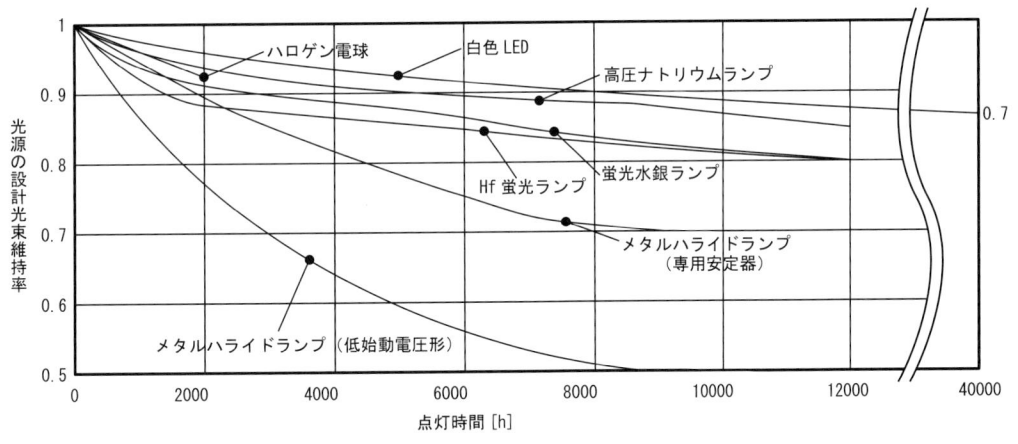

図7-1　ランプの設計光束維持率

　ランプの交換は、ランプが不点となったらすぐに交換するのが望ましいですが、作業や費用の合理性に配慮して次頁に示す方式のなかから適切なものを選択して行います。

　わが国の照明分野全体では、個別交換方式が採用されるケースが多く、スポーツ施設のような比較的規模の大きな照明では個別的集団交換方式が有効です。

　これはスポーツ照明の1灯当たりの光出力が大きく、不点の場合に照度ムラが大きくなり、照明の効果を著しく低下させるため個別交換が必要なこと、長年の使用により全体的な照度低下が生じて必要な照度が得られない場合に、まとまったランプを交換する集団交換方式が適していることより、これらの併用を行うものです。

　また、経済的な面から一度に全数を交換できない場合には、半数や1/3を定期的に交換することで適切な明るさを維持することができます。なお、この方式で交換するランプは施設の照度が全体的に回復するように配慮します。

【ランプの交換方式】
①個別交換方式

不点となったランプをその都度取り換える方式で、規模が小さく、ランプの交換が容易な場所に適しています。

②集団的個別交換方式

不点となったランプがある個数まとまった時、あるいは一定期間経過した時に不点ランプのみを交換する方式で、頻繁に個別交換しにくい場所で採用されます。

③集団交換方式

ランプが不点になっても放置しておき、ある一定期間が経過した時点で、まだ点灯しているランプも含めて全数を交換する方式であり、規模が大きく、ランプの交換が比較的困難な場所において有利といわれています。この方式は不点となったランプを放置しておいても支障のない場所で採用できます。

④個別的集団交換方式

不点となったランプは、その都度交換を行い、ある一定期間が経過した時点で全てのランプを交換する方式で、規模が大きく、ランプの交換に要する人件費が高い場合に経済的といわれています。

7-3　ランプの交換時期

個別的集団交換方式によるランプ交換と清掃を組み合わせた計画例を下図に示します。定期的な照度測定による現状照度の把握と合わせてランプ交換を実施すると、更に経済的に照明施設を維持することが可能になります。

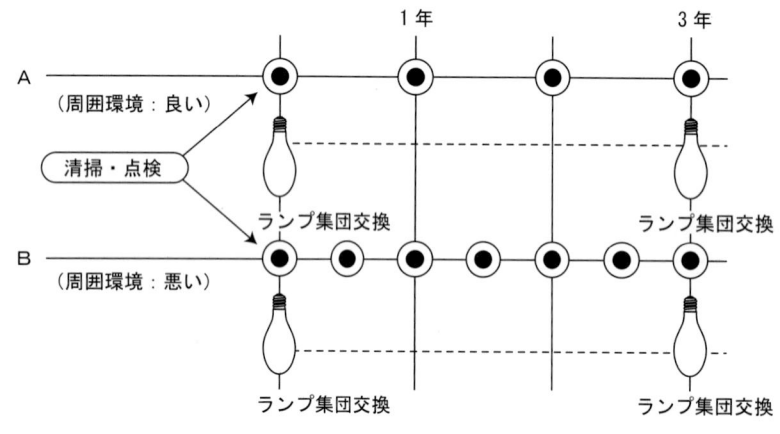

図7-2　清掃とランプ交換の組合せ例[3]

3) HID ランプガイドブック（(一社) 日本電球工業会）

7-4 清掃の間隔と方法

　照明施設は、使用を始めてからの経過時間に伴う「光学系の劣化」と「ランプ・照明器具の汚れ」によって有効な光束が低下します。使用開始後10年程度経過した施設では、ランプを新しいものに取り替えて、かつ照明器具の清掃を行っても照明器具自体の光学的な効率は初期の値まで回復しません。この照明器具自体の光学系の劣化による光束低下は、屋内施設で約3％、屋外施設で3〜7％程度です。

　一方、ランプ・照明器具の経年的な汚れは照明器具の光束低下に大きな影響を与えます。その程度は、照明器具の種類や周囲環境によって、下図のように示されます。図7-3は、照明器具の設計光束維持率曲線であり、カテゴリーA〜Dは表7-1の記号に対応します。つまり、図7-3と表7-1は周囲環境と各種照明器具の組み合わせごとに対応する汚れの度合と、それによる明るさの低下を示しています（ランプの光束低下は含まれていないので注意が必要）。

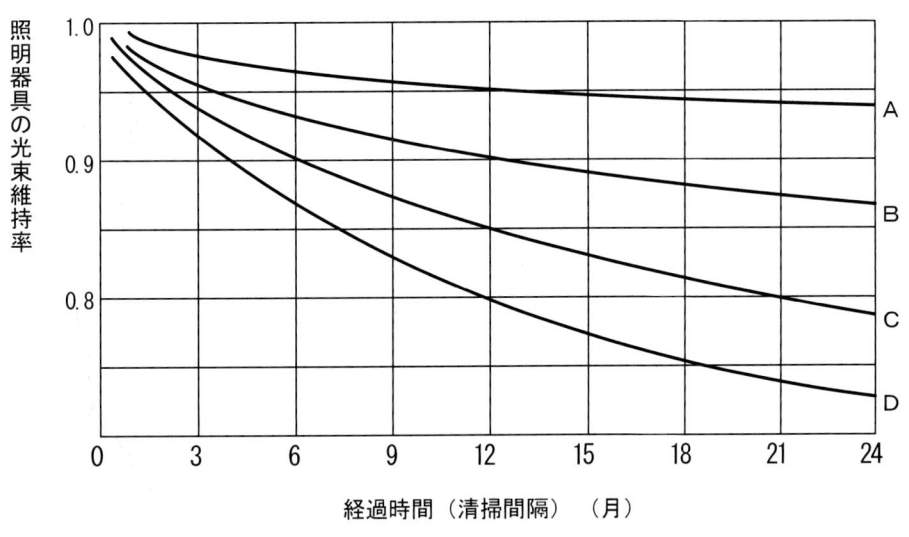

図7-3　照明器具の設計光束維持率曲線

表7-1　照明器具の種類と環境条件

照明器具の種類 周囲環境	露出形 屋内	露出形 屋外	下面開放形 屋内	下面開放形 屋外	簡易密閉形 屋内	完全密閉形 屋内	完全密閉形 屋外
一般の屋内運動場	A	-	C	-	D	A	-
郊外の屋外運動場	-	B	-	B	-	-	A
都市部の屋外運動場	-	C	-	C	-	-	B

　上記は、照明器具の汚れによってスポーツ競技面の明るさが損なわれることを表し、定期的な清掃の必要性を示しています。

照明器具の清掃間隔は、汚れによる照度低下で失われる照明費をちょうど1回分の清掃に要する費用で相殺できるようにするのが最も経済的といわれています。

例えば、照明設備費が1億円と仮定すれば、固定費は償却係数14%として、1400万円／年となり、年間の照明費（固定費＋年間電力費＋維持費）を2000万円とし、被照明面の平均照度（初期値）が500［lx］とすれば、1［lx］当たりの照明費は4万円となります。

照明器具の設計光束維持率曲線（ランプ・照明器具の汚れによる照度低下と光学系の劣化による照度低下を合わせたもの）から3ヶ月おきの照度低下と失われた照明費を計算すれば次にようになります。

表7-2　照度低下により失われる照明費の例

経過時間（月）	3	6	9	12	24	備考
照度低下率（％）	4	7	8	10	13	図7-3で設計光束維持率曲線がBの場合
照度低下値（lx）	20	35	40	50	65	初期照度×照度低下率
失われた照明費（万円）	80	140	160	200	260	4万円×照度低下値

清掃費用を台数×清掃単価で165万円（150台×1.1万円）とすると、表7-2より9～12ヶ月に1度清掃することが望ましくなります。一般には、屋外照明施設の場合は年1回、屋内照明施設の場合は年1～2回程度の清掃が標準的です。

また、清掃方法は、照明器具の材質によって異なります。材質ごとに清掃方法をまとめたものを表7-3に示します。

表7-3　照明器具の材質による清掃方法

材質	清掃の仕方	備考
アルミニウム	中性洗剤を薄めた液で洗い、後洗いを十分にする。また、面の広いものは清掃後液状もしくはペースト状のワックスで拭く。	ワックスを十分拭き取っておかないと、かえって汚れが付く。
ほうろう引き	大抵の洗剤が使え自動車用ガラスクリーナなどは特に有効。	
合成樹脂（合成塗料）	中性洗剤の液を用いて洗い、水洗いを十分にする。	ガソリン・シンナーなどの強力な溶剤、研磨材の入ったクリーナの使用は絶対に避ける。
ガラス	大抵の洗剤やクリーナが使用できる。透明ガラスの場合は乾性クリーナも良い。	ガラス表面にエッチングやつやを施したものには乾性クリーナは不向き。
プラスチック	5％の石鹸水を30～40度に温めたものの中にきれいなネルの布で汚れを落とし、さらにきれいな石鹸水でぬぐい、そのまま乾かす。さらに効果的に帯電を防止するためには、帯電防止剤を使う。	表面の帯電によりほこりが非常につきやすい。
ランプ	清水に浸したウエスで汚れを落とし、乾いたウエスで水分を良く拭き取る。	安全のため床に下ろすか安全な場所で清掃する。ソケットなどの充電部には水をつけないようにする。

8 保守作業における安全性の確保

スポーツ施設の照明器具は屋内、屋外を問わず高所に設置されることが多く、ランプ交換や照明器具の保守・点検作業を行う際は、危険を伴うため安全には十分に配慮する必要があります。

8-1 屋内の作業方法

まず、屋内照明においては、主として下図に示す作業方法がとられています。

おおむね5m以下の比較的低位置に設置された照明器具の保守作業は、図（a）や（b）の方法が多く、それ以上の高さでは（c）〜（e）の方法が用いられています。また、最近では（f）のように昇降装置を用いて、ランプ交換や照明器具の清掃を床面で行うことにより安全性や作業性を高める例が増えています。

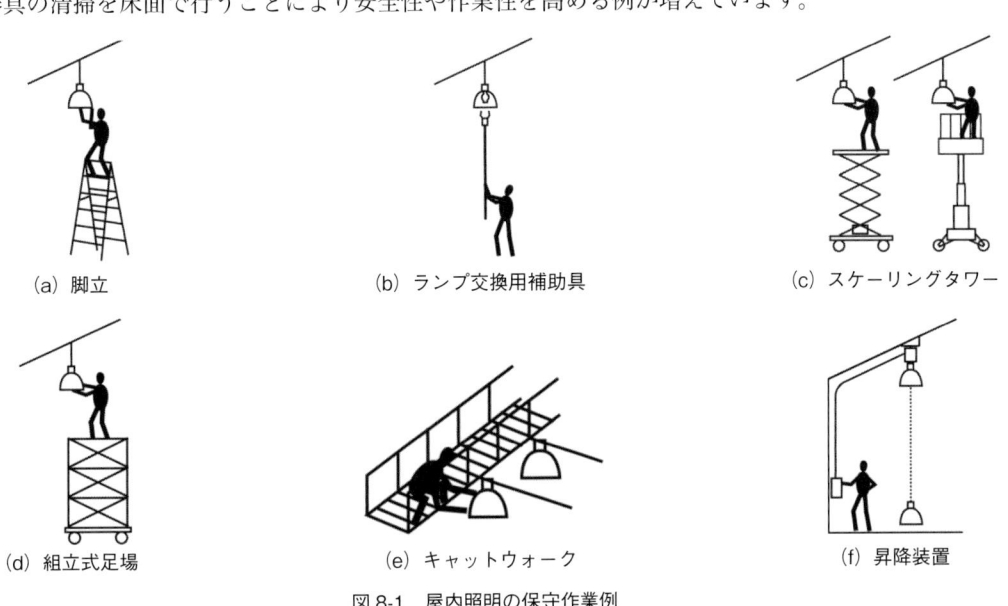

図8-1 屋内照明の保守作業例

8-2 屋外の作業方法

次に、屋外照明においては、下図に示すような方法で作業が行われています。

小規模なグランドやテニスコートでは図（a）〜（c）の方法が用いられ、中規模のグランドやプールなどでは（d）や（e）の方法が、それ以上の大規模グランドでは（f）の方法が多く採用されています

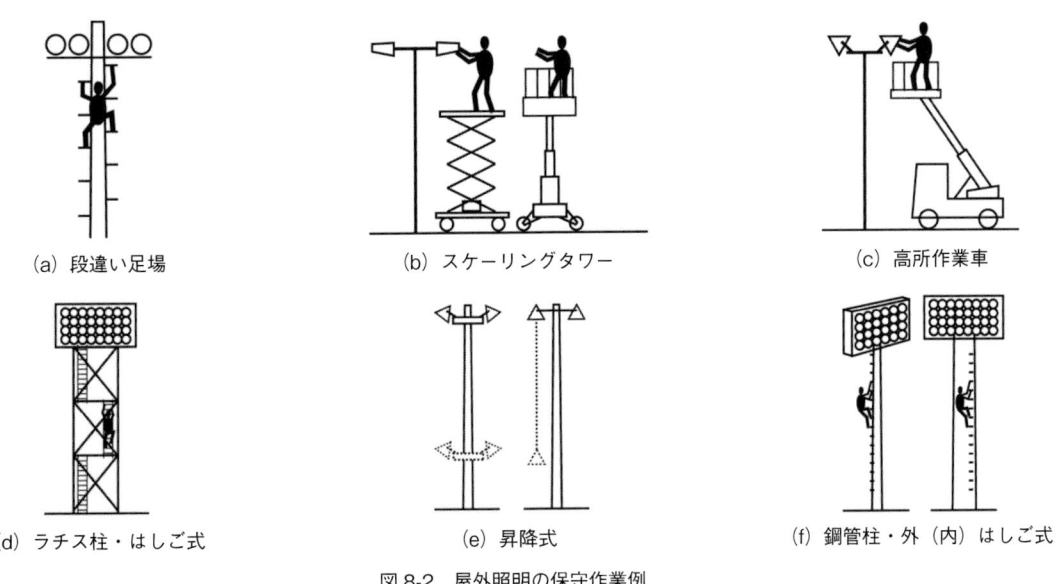

図8-2 屋外照明の保守作業例

8-3 安全上の注意事項

　保守作業に当たっては、感電防止などの電気的知識や、高所における安全作業に関わる知識と経験が欠かせません。また、事故の予防には個々の現場条件に合わせた作業計画が必要なため、専門業者への依頼をお勧めします。

　作業に当たっての一般的な注意事項は次のとおりです。
　　①必ず電源を切ってから作業する。(切ったブレーカには電源投入禁止の表示をする)
　　②二人以上の組で作業する。(安全で迅速な作業と、事故発生時の対応のため)
　　③ランプ清掃は床面または作業台の中で行う。
　　④清掃時は器具の導電部分に水をつけない。

　また、昇降装置を用いる保守作業に当たっては、昇降操作中の器具の下から作業員を離れさせるほか、第6章6-8項に記載した点検ポイントに注意が必要です。

　さらに、照明柱における高所作業に当たっては、以下の注意を守ることが大切です。
　　①昇降時には墜落防止用のレールやロープを使用する。
　　②作業中は安全帯を用いる。
　　③点検架台や作業台では、工具や部品に落下防止措置を施す。

　作業を実施する専門業者のみでなく、管理者自身も安全に対する十分な認識をもって、あらかじめ設定した作業計画から外れた行動がないよう気を配ることが重要です。

9 リニューアルのすすめ

9-1 リニューアルの目的

スポーツ施設に限らず照明設備を資産（ストック）として生かすためには、適切な保守・管理を行い早めの補修や一部機器の交換による設備寿命の延命を図ることが重要です。

また、最近では技術の進歩により高機能な機器や高効率の光源などが開発されているため、適切な時期に設備の改修や更新を行うことによって、見え方などの照明効果を損なうことなく消費電力の抑制やCO_2の削減を図ることが可能になっています。更に、更新するに当たっても、ライフサイクルコストの面から経済的に有利な条件が整ってきています。

スポーツ照明におけるリニューアルの目的には、下記の3点が挙げられます。

　①照明施設の老朽化を更新
　②照明の質（演色性、照度、まぶしさ、漏れ光）を改善
　③管理運営費（維持作業費、電力費）の削減

特に、屋外施設の老朽化は、風雨や紫外線にさらされ、目に見えない所で錆や材質劣化等が発生し、そのまま放置すると安全性や省エネの点で不利となります。

9-2 照明設備の寿命

ランプは、光束が低下または不点となった場合が寿命となりますが、ランプ同様に、照明器具にも寿命があります。特に照明器具に組み込まれている安定器などの電気・電子部品は、経年使用により絶縁劣化を起こします。使用環境や点灯時間にもよりますが、年間3000時間使用する場合で約8～10年が交換時期の目安であり、15年が耐用の限度とされています。10年を過ぎた照明器具は、外観だけでは判断できない内部の劣化が進行しており、不点灯や発煙、コンデンサ破裂といった思わぬ事故が発生する場合もあります。また、ランプ寿命が短くなる原因にもなるので、早めの点検・交換が必要となります。

コンクリート柱の耐用年数の目安は一般環境で30～40年であり、防球ネットを取り付けたような状態で使用する場合は受圧面積による揺れで亀裂が発生しやすいため、20～30年での建て替えが目安となります。

普通鋼の場合は、錆の発生が早いため、防錆塗装の寿命4～6年ごとにメンテナンスを行う必要があります。一般的には防錆効果を高めた溶融亜鉛めっき仕上げが多く使用され、景観に配慮してめっき後塗装を施したものと景観に配慮せず経済的な無塗装のものがあります。

溶融亜鉛めっき処理を施した鋼管では、めっき層の減退が20～30年、めっき後塗装仕上の場合は30～40年が耐用年数の目安となります。

耐候性鋼板は、鋼材の表面に化学的に錆安定化被膜を生成させたもので、外観的に通常の塗装と似た仕上がりとなりますが、一般の塗装で必要な塗膜の磨耗やはく離による再塗装などのメンテナンスが不要であり、耐候性が高く耐用年数の目安は30～40年です。

詳しい照明設備の寿命については、第6章を参照してください。

9-3 リニューアルによる効果

施設ごとにリニューアル事例とその効果について紹介します。

各事例は、既設の設備概要とリニューアルのニーズを設定し、それに対するリニューアル内容と実施後の効果を示すものです。

効果としては、照度アップ、省エネ、機器の安全性・耐久性の向上、近隣への漏れ光を抑制等が挙げられます。

9-4　リニューアルの事例と効果（テニスコート）

[例1] テニスコート・公式競技レベル

　設置後15年を経過しており、機器類の劣化が目立ち、不点になる投光器が増えてきたこと、また国体の会場として使用するにあたり、照度が不足していることなどが、リニューアルのニーズとして挙げられます。

設備の概要	リニューアル要望	リニューアル実施内容	実施後の効果
①設置後15年経過 ②2面 ③MF1000W投光器×40台 ④実測照度510 [lx]	①照度不足 ②国体利用 ③機器の劣化	①高効率形器具に交換 ②透明形ランプに交換	①照度が約2倍にアップ ②消費電力は同等 ③機器の安全性、耐久性の向上

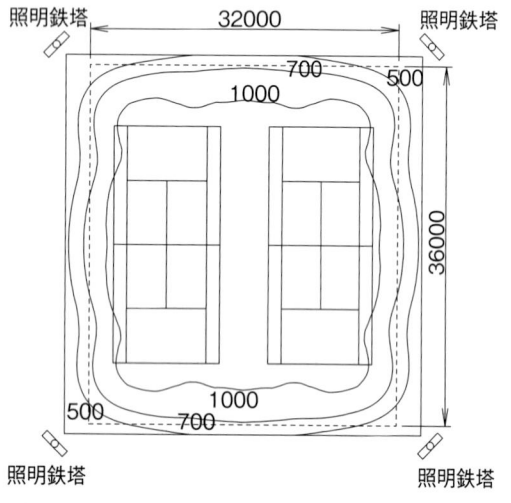

■実施後の設備概要
　器具：高効率形投光器 × 40 台
　光源：高効率形メタルハライドランプ
　M1000W × 40 灯
　鉄塔：最下段 18[m]、10 灯用 × 4 基

■効果の検証
・同じ台数で照度が約2倍にアップ
　（510[lx] ⇒ 1000[lx] 以上）
・消費電力は同等
・照明器具の劣化によるトラブル
　（絶縁不良、腐食による取付強度の低下）の解消

注記）曲線状の数値は、維持水平面照度を示す。単位 [lx]

図9-1　実施後の水平面照度分布図 [例]

　器具を高効率形に、ランプを透明形にリニューアルすることにより、同じ台数で照度が約2倍にアップし、公式競技を行うのに必要な照度レベル（1000 [lx] 以上）が確保できます。

　リニューアル前とランプのワット数、台数が同じなので消費電力は同等で、電力の利用効率が510 [lx]/43.4 [kW] =12 [lx/kW] から1000 [lx] /43.4 [kW] =23 [lx/kW] になり、約2倍の有効利用となります。さらに、一般競技やレクリエーションで利用する場合には新たに回路分けをすることで消費電力を1/2や1/3に低減することが可能になります。

> （一社）日本照明器具工業会では、照明機器の寿命として、照明器具の耐用年限は一般的使用条件（定格電圧、常温、常湿の屋内での使用）の場合、安全性、経済性を考慮して適正交換時期を 8～10 年、耐用限度を 15 年としています。

[例2] テニスコート・一般競技レベル

設備の概要	リニューアル要望	リニューアル実施内容	実施後の効果
①設置後10年経過 ②2面 ③MF1000W投光器×40台 ④実測照度520 [lx]	①電気料金削減 ②光漏れ対策 ③交換・清掃作業の負担軽減、安全確保	①光害対策形器具に交換 ②透明形ランプに交換 ③墜落防止レールの採用	①消費電力が約40 [％] 削減 ②近隣への漏れ光改善 ③交換・清掃作業が安全、容易

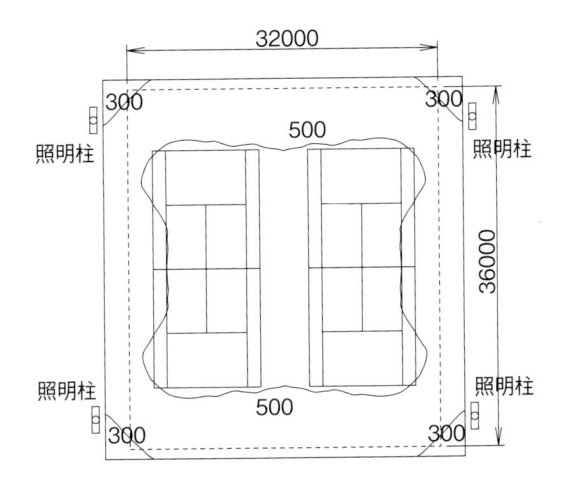

■実施後の設備概要
 器具：光害対策形投光器 × 16 台
 光源：高効率形メタルハライドランプ
    M1500W × 16 灯
 照明柱：地上高 16[m] コンクリート柱
    4灯用 × 4基
    梯子設置（墜落防止レール付）

■効果の検証
・照度は同等（平均照度 500[lx] 以上）
・近隣への漏れ光を改善
・消費電力を約 40[％] 削減
 （43.4[kW] ⇒ 25.6[kW]）
・墜落防止レール採用による安全性の確保

注記）曲線状の数値は、維持水平面照度を示す。単位 [lx]

図 9-2　実施後の水平面照度分布図 [例]

　上方への漏れ光を抑えた光害対策形投光器を使用することにより、近隣への漏れ光を低減しています。また、一般形投光器に外付フードルーバを取り付けた場合よりも、コート面を照射する有効な光が多いので、所要台数の削減が可能で電気料金（注1）（911,400 [円/年] ⇒ 537,600 [円/年]）および二酸化炭素排出量（注1）（18.7 [t/年] ⇒ 11.0 [t/年]）を約40 [％] 削減でき、省エネが実現できます。また器具台数削減によりメンテナンス作業（ランプ交換、清掃など）の省力化にもつながります。照明柱には墜落防止レールを付加した梯子を設置することにより、メンテナンス作業の安全性向上を図っています。

(注1) 計算式

　年間電気料金 [円] = 消費電力 [kW] × 年間点灯時間 [h] × 電気料金単価 [円/kWh]

　二酸化炭素排出量 [kg] = 消費電力 [kW] × 年間点灯時間 [h] × 二酸化炭素排出係数

　電気料金：21 [円/kWh]、二酸化炭素排出係数：0.43 [kg-CO_2/kWh]

　年間点灯時間：1000 [時間]

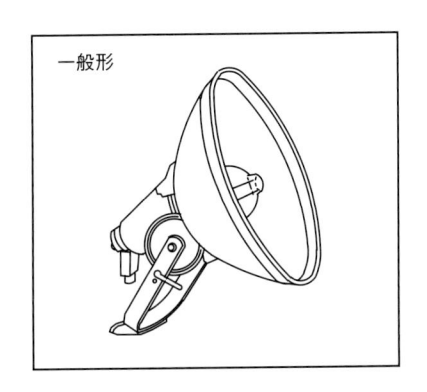

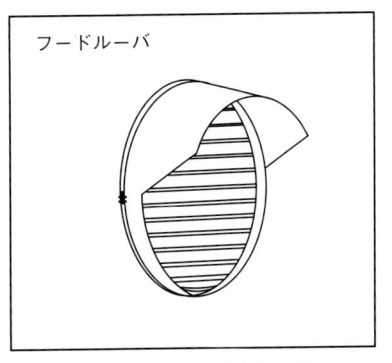

図 9-3　照明器具姿図の例

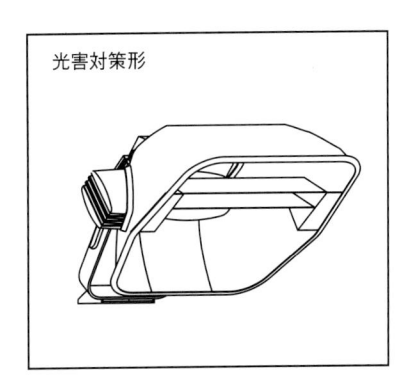

[例3] テニスコート・レクリエーションレベル

設備の概要	リニューアル要望	リニューアル実施内容	実施後の効果
①設置後12年経過 ②1面 ③MF400W広場用配光器具 ×24台 ④実測照度240 [lx]	①照度不足 ②電気料金削減 ③ポールの腐食	①テニスコート専用器具に交換 ②高効率形ランプに交換 ③塗装ポールからめっき又は耐候性のあるポールに交換	①照度が約1.4倍にアップ ②消費電力が約35 [%] 削減 ③機器の安全性、耐久性の向上

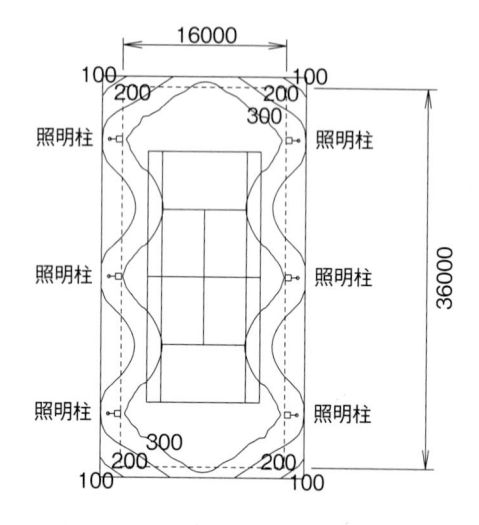

■実施後の設備概要
 器具：テニスコート専用器具 ×6台
 光源：高効率形メタルハライドランプ
　　　MT1000W ×6灯
 照明柱：6[m] 鋼管柱 ×6基
　　　（仕上：めっき後指定色塗装）

■効果の検証
・照度が約1.4倍にアップ
　（240[lx] ⇒ 340[lx]）
・消費電力を約35[%] 削減
　（10.0[kW] ⇒ 6.5[kW]）
・照明柱の耐久性の向上

注記）曲線状の数値は、維持水平面照度を示す。単位 [lx]

図 9-4　実施後の水平面照度分布図 [例]

　照度は約1.4倍にアップしながら、消費電力は35 [%] 削減して電気料金（注2）(210,000 [円/年] ⇒136,500 [円/年]) および二酸化炭素排出量（注2）(4.3 [t/年] ⇒2.8 [t/年]) の削減につなげています。

　照明柱は溶融亜鉛めっき後指定色塗装仕上げの鋼管柱に交換し、照明柱地際の腐食による倒壊の危険を回避すると共に、耐食性を向上しています。

（注2）　計算式
9-4 [例2] の（注1）を参照。年間点灯時間：1000 [時間]

9-5 リニューアルの事例と効果（野球場）

[例1] 硬式野球・公式競技レベル

設備の概要	リニューアル要望	リニューアル実施内容	実施後の効果
①設置後25年経過 ②13600 [m²] ③照明鉄塔（最下段H=25 [m]）×6基 ④M1000W投光器×126台 ⑤NH660W投光器×72台 ⑥実測照度 　内野：730 [lx] 　外野：420 [lx]	①照度不足 ②国体利用 ③鉄塔の腐食 ④交換・清掃作業の負担軽減、安全確保	①高効率形器具に交換 ②塗装トラス構造からめっき又は耐候性のある鉄塔に交換 ③マイコン式照明制御装置の採用	①内外野ともに照度が約2倍にアップ ②鉄塔の耐久性の向上 ③交換・清掃作業が安全、容易 ④競技レベルに応じたパターン点灯が可能

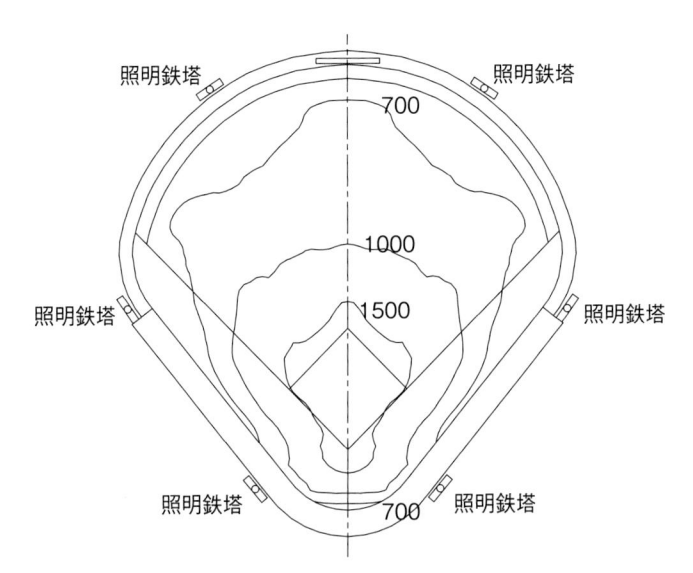

■実施後の設備概要
　器具：高効率形投光器 × 234 台
　　　　LED 投光器 × 18 台
　光源：高効率形メタルハライドランプ
　　　　M1500W × 144 灯
　　　　高圧ナトリウムランプ
　　　　NH940W × 90 灯
　　　　LED 投光器 × 18 灯
　鉄塔：最下段25[m]、42灯用 × 6 基
　制御：マイコン式照明制御装置

■効果の検証
・照度が約2倍にアップ
　（内野：730[lx] ⇒ 1500[lx] 以上）
　（外野：420[lx] ⇒ 800[lx] 以上）
・鉄塔の耐久性の向上
・墜落防止レール採用による安全性確保
・競技レベルに応じた点灯パターンの監視、制御が容易に可能

注記）曲線状の数値は、維持水平面照度を示す。単位 [lx]
図9-5　実施後の水平面照度分布図 [例]

　器具は効率の高い投光器を採用し、ランプは演色性と効率を考慮し、高効率形メタルハライドランプ1500 [W] と高圧ナトリウムランプ940 [W] を65：35の割合で使用した混光照明としています。停電によるパニックを防止するために非常用照明としてLED投光器を取り付け、安全を確保しています。照度は全点灯時において、内野で1500 [lx] 以上、外野で800 [lx] 以上あり、硬式の公式競技が行える明るさを確保しています。鉄塔は、耐久性の高い耐候性鋼管単柱を使用し、メンテナンスフリーを実現しています。

　また、鉄塔内に墜落防止レールを付加した中梯子と踊り場を設置し、メンテナンス作業の安全性向上を図っています。マイコン式の照明制御装置の採用で、様々な競技レベルに応じた複数の点灯パターンの監視、制御が容易に行え、使用状況に合わせて明るさを切り替え、省エネを実現しています。

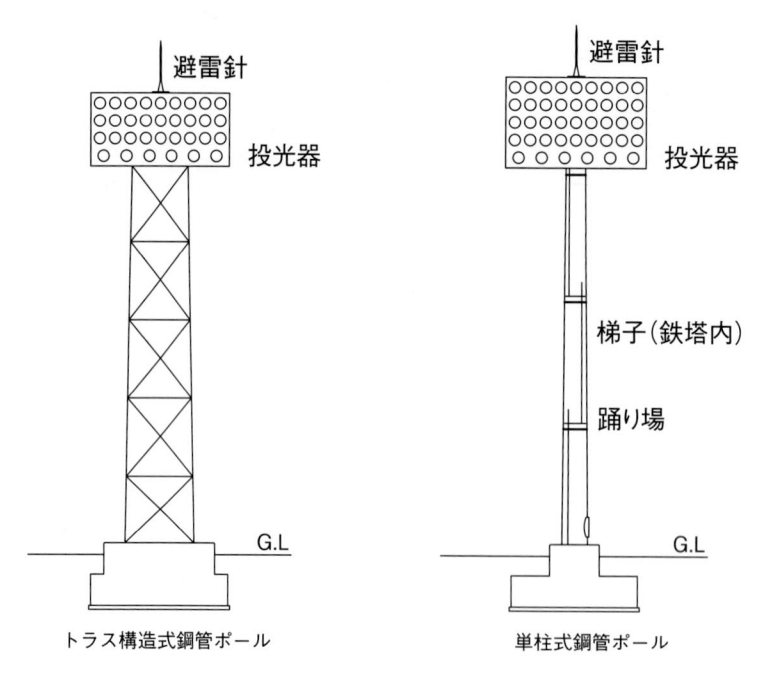

図 9-6　照明鉄塔姿図の例

[例2] 硬式野球・一般競技レベル

設備の概要	リニューアル要望	リニューアル実施内容	実施後の効果
①設置後18年経過 ②10500 [㎡] ③照明鉄塔 　（最下段 H=20 [m]）×6基 ④HF1000W投光器×144台 ⑤NH660W投光器×72台 ⑥実測照度 　内野：610 [lx] 　外野：420 [lx]	①照度不足 ②電気料金削減 ③機器の劣化 ④交換・清掃作業の負担軽減	①高効率ランプに交換 ②高効率器具に交換	①内野で約1.2倍外野で約1.1倍照度がアップ ②消費電力が約32 [%] 削減 ③機器の安全性、耐久性の向上 ④交換・清掃作業の省力化

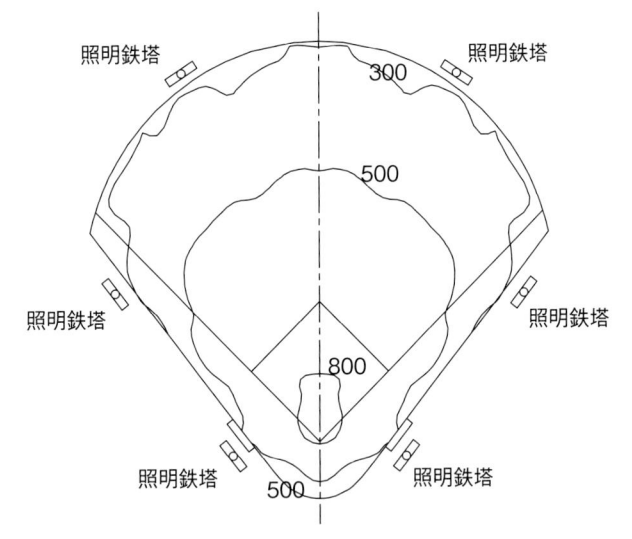

■実施後の設備概要
　器具：高効率形投光器 × 144 台
　光源：高効率形メタルハライドランプ
　　　　M1000W × 90 灯
　　　　高圧ナトリウムランプ
　　　　NH660W × 54 灯
　鉄塔：最下段 20[m]、24 灯用 × 6 基

■効果の検証
・照度が内野で約1.2倍、外野で約1.1倍にアップ
　（内野：610[lx] ⇒ 750[lx] 以上）
　（外野：420[lx] ⇒ 450[lx] 以上）
・消費電力を約32[%] 削減
　（202.0[kW] ⇒ 135.7[kW]）
・照明器具の劣化によるトラブル（絶縁不良、腐食による取付強度の低下）の解消
・台数削減による交換・清掃作業の省力化

注記）曲線状の数値は、維持水平面照度を示す。単位 [lx]
図9-7　実施後の水平面照度分布図［例］

　器具は効率の高い投光器を採用し、ランプは演色性と効率を考慮して、高効率形メタルハライドランプ1000 [W] と高圧ナトリウムランプ660 [W] を65：35の割合で使用した混光照明としています。
　照度は全点灯時において、内野で750 [lx] 以上、外野で450 [lx] 以上あり、硬式の一般競技が行える明るさを確保しています。照度は約1.2倍にアップしながら、消費電力は32 [%] 削減して電気料金（注3）(2,121,000 [円/年] ⇒1,424,850 [円/年]) および二酸化炭素排出量（注3）(43.4 [t/年] ⇒29.2 [t/年]) の削減につなげています。
（注3）計算式
9-4 [例2] の（注1）を参照。年間点灯時間：500 [時間]

[例3] 軟式野球・一般競技レベル

設備の概要	リニューアル要望	リニューアル実施内容	実施後の効果
①設置後12年経過 ②10500 [m²] ③照明鉄塔（最下段H=20 [m]）×6基 ④HF1000W投光器×126台 ⑤NH660W投光器×54台 ⑥実測照度 　内野：505 [lx] 　外野：340 [lx]	①光漏れ対策 ②電気料金削減 ③演色性の改善 ④交換・清掃作業の負担軽減	①高効率器具に交換 ②外付けルーバの採用 ③高効率ランプに交換 ④メタルハライドランプの単独照明の採用	①近隣への漏れ光改善 ②消費電力が約20 [%] 削減 ③演色性が改善 ④交換・清掃作業の省力化

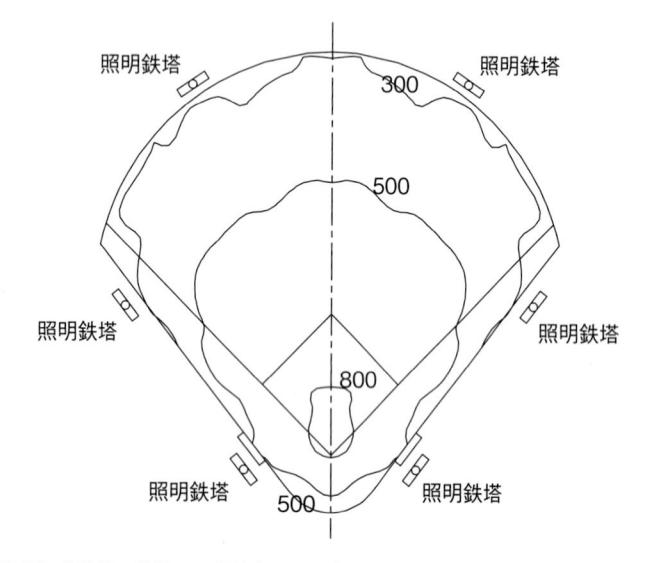

■実施後の設備概要
　器具：高効率形投光器 × 126 台
　　　　外付けルーバ × 126 台
　光源：高効率形メタルハライドランプ
　　　　M1000W × 126 灯
　鉄塔：最下段20[m]、21灯用 × 6基

■効果の検証
・照度は同等
　（内野：500[lx] 以上）
　（外野：300[lx] 以上）
・近隣への漏れ光を改善
・消費電力を約20[%] 削減
　（170.4[kW] ⇒ 136.7[kW]）
・演色性（Ra）の改善
・台数削減による交換・清掃作業の省力化

注記）曲線状の数値は、維持水平面照度を示す。単位 [lx]
図9-8　実施後の水平面照度分布図 [例]

　器具は高効率形の投光器に交換し、外付けのルーバを取付けて、近隣への漏れ光を低減しています。ランプは、効率と演色性を考慮して高効率形のメタルハライドランプを採用しています。リニューアルすることにより、同等の照度を確保しながら所要台数の削減が可能で電気料金（注4）（1,789,200 [円/年] ⇒ 1,435,350 [円/年]）および二酸化炭素排出量（注4）（36.6 [t/年] ⇒ 29.4 [t/年]）を約20 [%] 削減でき、省エネが実現できます。メタルハライドランプM（Ra65）の単独照明を採用することにより、既存の蛍光水銀ランプHF（Ra40）と高圧ナトリウムランプNH（Ra25）の混光照明に比べて演色性が改善されて、ユニフォームなどの色の見え方が向上します。
　また器具台数削減によりメンテナンス作業（ランプ交換、清掃など）の省力化にもつながります。

（注4）計算式
9-4 [例2] の（注1）を参照。年間点灯時間：500 [時間]

9-6 リニューアルの事例と効果（体育館）

[例1] 公式競技レベル

設備の概要	リニューアル要望	リニューアル実施内容	実施後の効果
①設置後10年経過 ②1728 [㎡] 　（48 [m] × 36 [m]） ③天井高さ14 [m] ④HF1000W×70台 ⑤実測照度720 [lx]	①照度不足 ②国体に利用 ③演色性の改善 ④交換・清掃作業の負担軽減、安全確保	①高効率ランプに交換 ②バンクライトを採用 ③電動昇降装置を採用 ④マイコン式照明制御装置の採用	①照度が約1.4倍にアップ ②演色性が改善 ③交換・清掃作業が安全、容易 ④競技レベルに応じたパターン点灯が可能

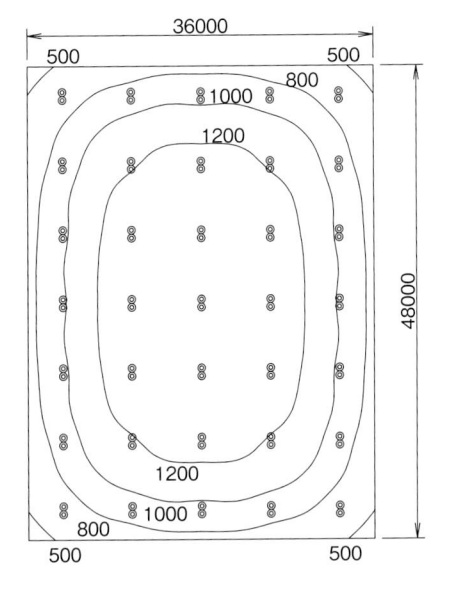

■実施後の設備概要
器具：2灯用バンクライト×35セット
　　　電動昇降装置内蔵
　　　下面ガラスプロテクタ付
光源：高効率形メタルハライドランプ
　　　MF1000W×70灯
制御：マイコン式照明制御装置

■効果の検証
・照度が約1.4倍にアップ
　（720[lx] ⇒ 1000[lx] 以上）
・演色性（Ra）の改善
・電動昇降装置の採用による交換、清掃作業の安全性の確保、および省力化
・競技レベルに応じた点灯パターンの監視、制御が容易に可能

注記）曲線状の数値は、維持水平面照度を示す。単位 [lx]
図9-9　実施後の水平面照度分布図 [例]

　ランプを蛍光水銀ランプから高効率形メタルハライドランプにリニューアルすることにより、同じ台数で照度が約1.4倍にアップし公式競技を行うのに必要な照度レベル（1000 [lx] 以上）が確保できます。また、演色性（Ra40⇒Ra65）も改善されてユニフォームなどの色の見え方が向上します。器具は電動昇降装置付の2灯用バンクライトを採用。電動昇降装置の採用により、照明器具の清掃やランプ交換作業の負担が軽減され、さらに安全性が確保されています。マイコン式の照明制御装置の採用で、様々な競技種目、および競技レベルに応じた複数の点灯パターンの監視、制御が容易に行え、使用状況にあわせた明るさにすることにより、省エネを実現しています。

[例2] 一般競技レベル

設備の概要	リニューアル要望	リニューアル実施内容	実施後の効果
①設置後13年経過 ②640 [m²] 　（32 [m] × 20 [m]） ③天井高さ10 [m] ④MF700W ×28台 ⑤実測照度500 [lx]	①電気料金削減 ②交換・清掃作業の負担軽減、安全確保	①高効率ランプに交換 ②高効率器具に交換 ③電動昇降装置を採用	①消費電力が約55 [％] 削減 ②交換・清掃作業が安全、容易

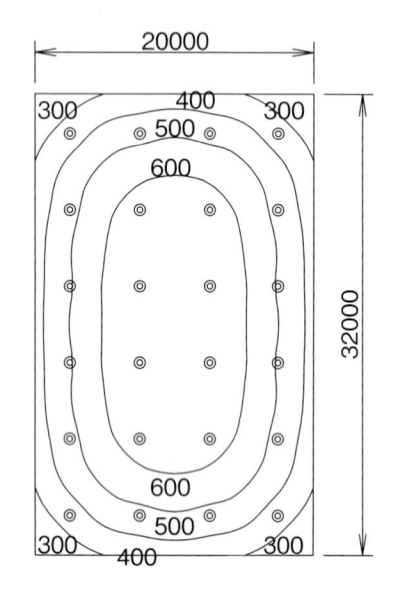

■実施後の設備概要
　器具：高天井用器具 × 24 台
　　　　下面ガード付
　　　　電動昇降装置
　光源：セラミックメタルハライドランプ
　　　　MF360W × 24 灯

■効果の検証
・消費電力を約55[％] 削減
　（20.9[kW] ⇒ 9.5[kW]）
・電動昇降装置の採用による交換、清掃作業の安全性の確保、および省力化

注記）曲線状の数値は、維持水平面照度を示す。単位 [lx]
図 9-10　実施後の水平面照度分布図 [例]

　効率の高いセラミックメタルハライドランプにリニューアルすることにより、同等の照度を確保しながらワット数、および所要台数の削減が可能で電気料金（注5）（1,316,700 [円/年] ⇒598,500 [円/年]）および二酸化炭素排出量（注5）（27.0 [t/年] ⇒12.3 [t/年]）を約55 [％] 削減でき、省エネが実現できます。電動昇降装置の採用により、照明器具の清掃やランプ交換作業の負担が軽減され、さらに安全性が確保されます。

（注5）計算式
9-4 [例2] の（注1）を参照。年間点灯時間：3000 [時間]

9-7 リニューアルの事例と効果（屋内プール）

[例1] 公式競技レベル

設備の概要	リニューアル要望	リニューアル実施内容	実施後の効果
①設置後12年経過 ②50[m]プール ③天井高さ16[m] ④HF1000W×90台 ⑤実測照度500[lx]	①照度不足 ②国体に利用 ③機器の劣化	①高効率ランプに交換 ②高効率器具に交換 ③サイド配置を採用 ④マイコン式照明制御装置の採用	①照度が約2倍にアップ ②演色性が改善 ③機器の安全性、耐久性の向上

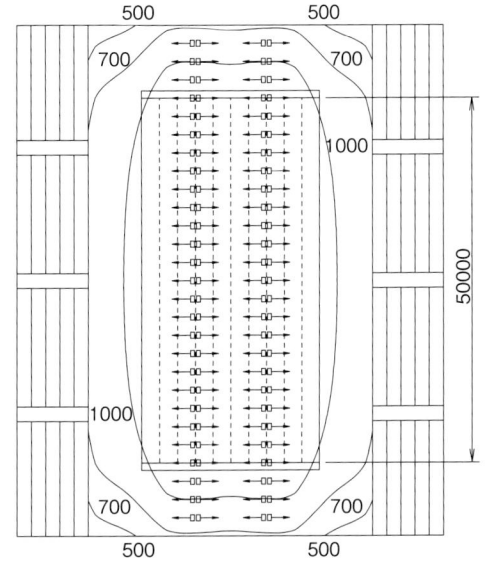

■実施後の設備概要
　器具：プール用角形投光器 × 108台
　光源：高効率形メタルハライドランプ
　　　　M1000W × 108灯
　制御：マイコン式照明制御装置

■効果の検証
・照度が約2倍にアップ
　（500[lx] ⇒ 1000[lx]以上）
・演色性（Ra）の改善
・サイド配置の採用により、すっきりとした天井空間を実現
・照明器具の劣化によるトラブル（絶縁不良、腐食による取付強度の低下）の解消
・競技レベルに応じた点灯パターンの監視、制御が容易に可能

注記）曲線状の数値は、維持水平面照度を示す。単位[lx]

図9-11　実施後の水平面照度分布図 [例]

　照明器具は、湿度や塩素などの影響を考慮し、耐食性の高いものを採用します。また、プールでは身体の多くの部分が露出されているので、万が一、器具の前面ガラスの破損が起こっても、ガラス片の飛散が無いように、前面ガラスにテフロン膜加工を施します。ランプは、効率と演色性を考慮して高効率形メタルハライドランプを採用します。演色性（Ra40⇒Ra65）が改善されて利用者の肌の色の見え方が向上し、照度は約2倍にアップし、公式競技を行うのに必要な照度レベル（1000[lx]以上）が確保されます。照明方式は、天井に列状に配置したサイド配置による投光照明を採用することにより、すっきりとした天井空間を形成しています。マイコン式の照明制御装置の採用で、様々な競技種目、および競技レベルに応じた複数の点灯パターンの監視、制御が容易に行え、使用状況にあわせた明るさにすることにより、省エネを実現します。

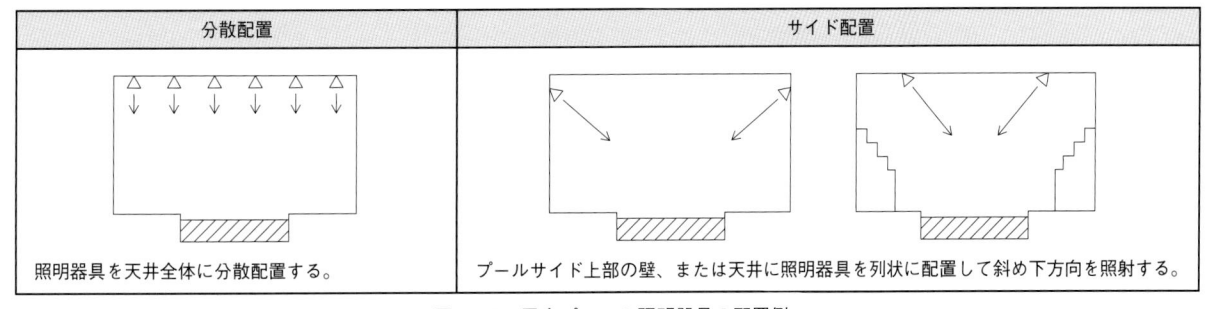

分散配置	サイド配置
照明器具を天井全体に分散配置する。	プールサイド上部の壁、または天井に照明器具を列状に配置して斜め下方向を照射する。

図9-12　屋内プールの照明器具の配置例

[例2] レクリエーションレベル

設備の概要	リニューアル要望	リニューアル実施内容	実施後の効果
①設置後8年経過 ②25 [m] プール ③天井高さ5.5 [m] ④HF400W投光器×24台 ⑤実測照度200 [lx]	①電気料金削減 ②演色性の改善	①高効率ランプに交換	①消費電力が約40 [%] 削減 ②演色性が改善

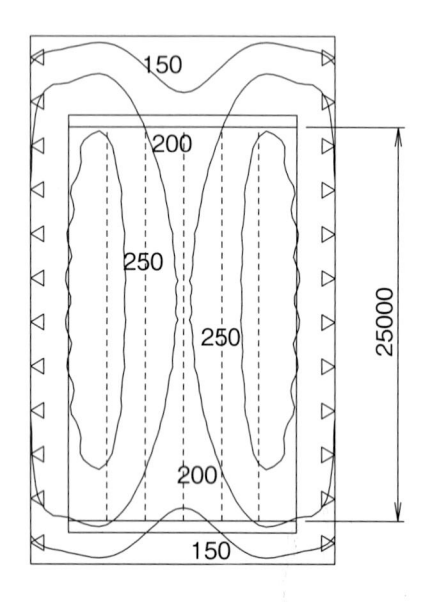

■実施後の設備概要
　器具：プール用角形投光器 × 24 台
　光源：セラミックメタルハライドランプ
　　　　MF220W × 24 灯

■効果の検証
・消費電力を約 40[%] 削減
　（10.0[kW] ⇒ 5.9[kW]）
・演色性（Ra）の改善

注記）曲線状の数値は、維持水平面照度を示す。単位 [lx]
図9-13　実施後の水平面照度分布図 [例]

　効率の高いセラミックメタルハライドランプにリニューアルすることにより、同等の照度を確保しながらワット数の削減が可能で電気料金（注6）（735,000 [円/年] ⇒433,650 [円/年]）および二酸化炭素排出量（注6）（15.1 [t/年] ⇒8.9 [t/年]）を約40 [%] 削減でき、省エネが実現できます。
　また、演色性（Ra40⇒Ra85）が改善されて、利用者の肌の色の見え方が向上します。

（注6）計算式
9-4 [例2] の（注1）を参照。年間点灯時間：3500 [時間]

公益財団法人 日本体育施設協会
スポーツ照明部会・会員名簿 (50音順)

【岩崎電気㈱】
〒103-0002　東京都中央区日本橋馬喰町1-4-16
☎048-554-1150（連絡担当）
FAX　048-554-7426
URL　http://www.iwasaki.co.jp

【コイト電工㈱】
〒244-8571　神奈川県横浜市戸塚区前田町100
☎045-826-6820
FAX　045-822-7123
URL　http://www.koito-ind.co.jp

【東芝ライテック㈱】
〒140-8660　東京都品川区南品川2-2-13（南品川JNビル）
☎03-5479-2238
FAX　03-5479-3026
URL　http://www.tlt.co.jp

よりよい、"光環境"をめざして

HID照明ならイワサキ！ LED照明もやはりイワサキ！
イワサキでは、レクリエーションレベルから公式競技レベルまで、
様々なシーンのスポーツ照明に最適なライティングプランを実現します。
次の世代に、より良い地球環境と限りある資源を残すためにイワサキの絶え間ないイノベーションは続いていきます

桜美林学園体育館 レディオックハイベイ ラムダ

鹿児島大学 レディオック フラッド ブリッツ

宮代町総合運動公園テニスコート レディオック フラッド ブリッツ

EYE IWASAKI 岩崎電気株式会社 〒103-0002 東京都中央区日本橋馬喰町1-4-16 馬喰町第一ビルディング
TEL 03(5847)8611(代) FAX 03(5847)8645 http://www.iwasaki.co.jp

全力で前へ

金杉小学校 体育館　レディオック シーリング HB 高出力形

アコーディア・ガーデン千葉北　レディオック フラッド ブリッツ

維新百年記念公園陸上競技場

コイト電工株式会社

感動を伝える技術で
迫力あるゲームシーンを演出。

ボートレースまるがめ・日産スタジアム（横浜国際総合競技場）・パークドーム熊本・有明コロシアム・QVCマリンフィールド（千葉マリンスタジアム）などの豊富な照明実績で、プレーしやすく、観戦しやすい照明環境を実現します。
精密な光学システムと高演色の光源を組合せた高効率投光器を用いて、競技面の芝やプレーヤーのユニフォームなど、カラフルな色合いを鮮明に再現します。
的確な光の制御で、漏光の少ない照明設計を構築します。

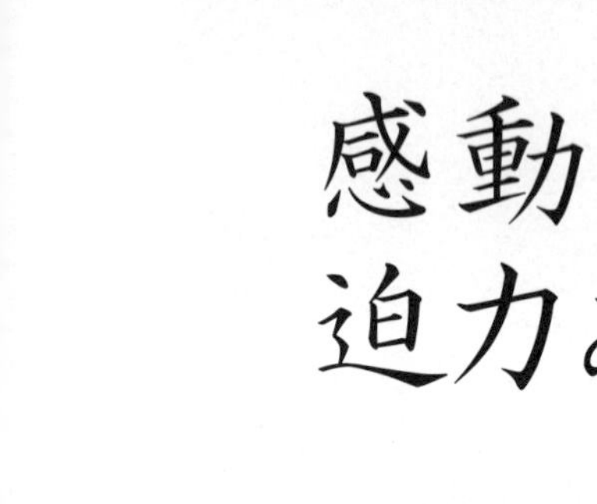

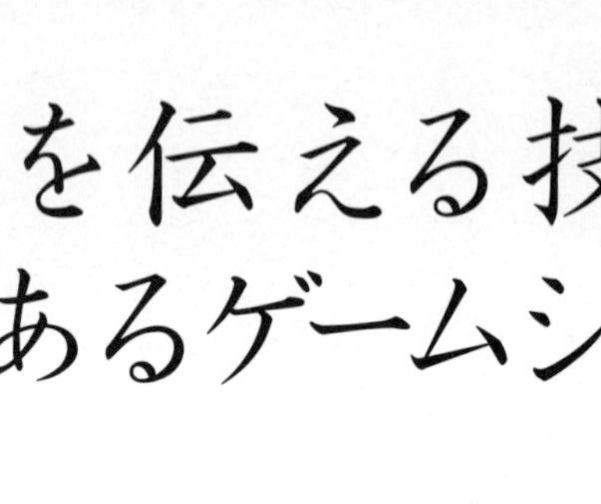

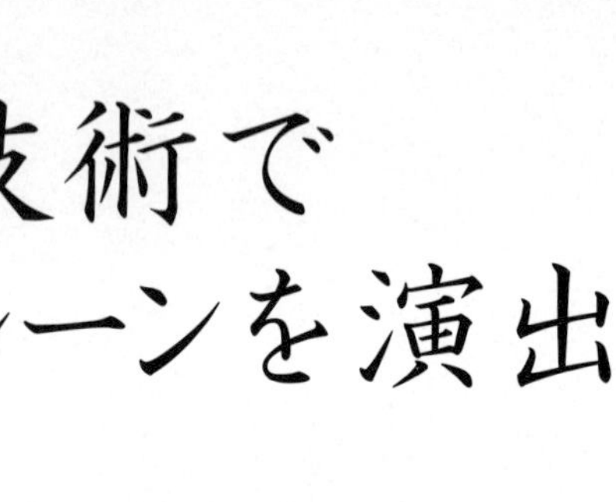

観客席

感動空間

Koito コイト電工株式会社

http://www.koito-ind.co.jp

本社・富士長泉工場	〒411-0932	静岡県駿東郡長泉町南一色720番地	Tel. 055-988-7101	Fax. 055-988-7146
横浜工場	〒244-8571	横浜市戸塚区前田町100番地	Tel. 045-822-7101	Fax. 045-823-8011
販売推進室	〒244-8571	横浜市戸塚区前田町100番地	Tel. 045-826-6820	Fax. 045-822-7123
本社営業部	〒244-8571	横浜市戸塚区前田町100番地	Tel. 045-826-6780	Fax. 045-826-6788
札幌支店	〒060-0908	札幌市東区北八条東3丁目1番地1号（宮村ビル）	Tel. 011-722-5211	Fax. 011-722-5221
東北支店	〒980-0822	仙台市青葉区立町27番21号（仙台橋本ビル）	Tel. 022-225-7501	Fax. 022-267-5053
名古屋支店	〒461-0004	名古屋市東区葵2丁目12番1号（ナカノビル）	Tel. 052-939-3970	Fax. 052-939-3971
大阪支店	〒530-0055	大阪市北区野崎町9-8（永楽ニッセイビル）	Tel. 06-6367-2400	Fax. 06-6367-2405
九州支店	〒812-0016	福岡市博多区博多駅南2丁目9番16号（佐藤製薬福岡ビル）	Tel. 092-431-0838	Fax. 092-474-4660
東京営業所	〒144-0052	東京都大田区蒲田4-22-3（住友生命蒲田ビル）	Tel. 03-3731-3066	Fax. 03-3731-3067
新潟営業所	〒951-8052	新潟市中央区下大川前通7ノ町2230番地（メゾンソレイユ）	Tel. 025-222-6085	Fax. 025-222-0412
静岡営業所	〒422-8076	静岡市駿河区八幡5丁目8番29号	Tel. 054-288-6886	Fax. 054-288-6887
北陸営業所	〒921-8012	金沢市本江町9番14号（サンバード金沢ビル）	Tel. 076-292-0185	Fax. 076-292-1068
広島営業所	〒733-0003	広島市西区三篠町2丁目14番14号	Tel. 082-238-6451	Fax. 082-238-6455
高松営業所	〒760-0078	高松市今里町2丁目4番地5号	Tel. 087-833-5110	Fax. 087-833-5660
山口営業所	〒753-0872	山口市小郡上郷字流通センター東841番20号	Tel. 083-924-0441	Fax. 083-925-7182
長崎営業所	〒852-8118	長崎市松山町4番52号（囲本社ビル）	Tel. 095-847-4988	Fax. 095-846-3676
南九州営業所	〒890-0045	鹿児島市武1丁目14番10号（シェラトンハウス）	Tel. 099-214-5170	Fax. 099-214-5172
青森出張所	〒030-0802	青森市本町1丁目4番17号（三井生命青森ビル）	Tel. 017-732-4181	Fax. 017-776-2293
松山出張所	〒790-0952	松山市朝生田町2丁目13番23号	Tel. 089-947-2134	Fax. 089-947-2549

TOSHIBA
Leading Innovation >>>

感動のスポーツシーンを全ての人が分かち合うために

埼玉スタジアム2002

NACK5(ナックファイブ)スタジアム大宮

阪神甲子園球場

マツダスタジアム広島

スカイホール豊田（豊田市総合体育館）

いしかわ総合スポーツセンター

佐伯市総合体育館

北海道地区　北海道企画担当		TEL(011)868-2015
〒003-0023 札幌市白石区南郷通20丁目北3-28		
東北地区　東北企画担当		TEL(022)264-7281
〒980-0803 仙台市青葉区国分町2-2-2(東芝仙台ビル)		
信越地区　新潟営業所		TEL(025)222-4121
〒951-8068 新潟市中央区上大川前通り1番町154(東芝新潟ビル)		
関東地区　関信越企画担当		TEL(048)648-2307
〒330-0802 さいたま市大宮区宮町2-35(大宮MTビル)		
首都圏地区　首都圏企画担当		TEL(03)5479-3532
〒140-8660 東京都品川区南品川2-2-13(南品川JNビル)		
中部地区　中部企画担当		TEL(052)528-1130
〒451-0064 名古屋市西区名西2-33-10(東芝名古屋ビル)		

芝ライテックは、新しい発想と技術でアウトドアスポーツ、インドアスポーツ、
ジャー、イベントに新しいアメニティを提案いたします。

しもきた克雪ドーム

新横浜公園テニスコート

大阪市立浪速スポーツセンター

岐阜県クリスタルパーク恵那スケート場

北九州市若松競艇場

奈良白鳳カンツリークラブ

北陸地区　金沢営業所　　　　　　　　　　　TEL(076)237-2260
〒920-0061 金沢市問屋町1-30(東芝金沢社屋3F)

関西地区　西日本企画担当　　　　　　　　　TEL(06)6130-2300
〒530-0017 大阪市北区角田町8-1
　　　　　(梅田阪急ビル オフィスタワー28階)受付27階

中国地区　中四国企画担当　　　　　　　　　TEL(082)212-1213
〒730-0017 広島市中区鉄砲町7-18(東芝フコク生命ビル)

四国地区　四国営業所　　　　　　　　　　　TEL(087)821-7810
〒760-0065 高松市朝日町2-2-22

九州地区　九州企画担当　　　　　　　　　　TEL(092)735-3091
〒810-0072 福岡市中央区長浜2-4-1(東芝福岡ビル)

本　社　販売・商品統括部　　　　　　　　　　TEL(03)5479-1071
施設・屋外照明部　施設照明担当　　　　　　TEL(03)5479-1077
施設・屋外照明部　屋外照明担当　　　　　　TEL(03)5479-1058
住宅照明部　　住宅照明担当　　　　　　　　TEL(03)5479-1079
光源・デバイス部
〒140-8660 東京都品川区南品川2-2-13(南品川JNビル)

東芝ライテック株式会社
http://www.tlt.co.jp/

東芝グループは、持続可能な
地球の未来に貢献します。　　ecoスタイル

```
┌─────────────────────────────────────────────────────┐
│                                                     │
│  スポーツ照明の保守・管理マニュアル                  │
│                                                     │
│  2013年2月28日　初版発行                            │
│                                                     │
│                                                     │
│  ■発行・編集                                        │
│  公益財団法人 日本体育施設協会　スポーツ照明部会    │
│  マニュアル編集委員会                                │
│  http://www.jp-taiikushisetsu.or.jp/bukai/syomei/syomei.html │
│                                                     │
│     甘利　徳邦　（東芝ライテック株式会社）          │
│     伊東　聡　　（東芝ライテック株式会社）          │
│     稲森　真　　（岩崎電気株式会社）                │
│     岡本　孝人　（岩崎電気株式会社）                │
│     窪　誠司　　（東芝ライテック株式会社）          │
│     滝口　賢一郎（コイト電工株式会社）              │
│                                      （50音順）     │
│                                                     │
│  ■製作・販売                                        │
│     株式会社体育施設出版                             │
│     〒105-0014　東京都港区芝2-27-8　芝センタービル1F │
│     TEL　03-3457-7122                               │
│                                                     │
└─────────────────────────────────────────────────────┘
```

本書に掲載された文章、図表を営利目的で複製あるいは翻訳して利用する場合は、
（公財）日本体育施設協会スポーツ照明部会に文書による利用承諾を得たうえで
出所を明示して利用しなければならない。
但し、上記部会会員による利用の場合は利用承諾の申請を不要とする。